Das Mondlexikon

Das Buch

Alle Völker haben den Mond beobachtet, ihn in Mythen besungen und Alltag und Feierlichkeiten auf ihn abgestimmt. Oft leiteten sie aus ihren Erfahrungen verblüffend ähnliche Regeln für Gesundheit oder Landwirtschaft ab, die heute sogar wissenschaftlich bestätigt werden können. Christina Zacker fasst in diesem Lexikon alle Lebensbereiche zusammen, die der Mond beeinflusst. Unter alphabetisch sortierten Stichworten finden Sie hier Wissenswertes und praktische Tipps zu Astrologie und Astronomie, Kalenderrechnung, Gartenpflege, Schönheit und Gesundheit, Mystik und Aberglaube. Mit diesem umfassenden Nachschlagewerk kommen Sie in Einklang mit unserem himmlischen Begleiter.

Die Autorin

Christina Zacker vertiefte ihre Ausbildung an der Deutschen Journalistenschule mit einem Volontariat bei einer Münchner Tageszeitung. 15 Jahre lang war sie Redakteurin im Ratgeberteil diverser Zeitschriften, zuletzt Ressortleiterin und Textchefin einer Frauenillustrierten. Seit vielen Jahren arbeitet sie für verschiedene Verlage als freie Buchautorin zu den Themen Tradition und Natur, Heilkunde und Astrologie. Christina Zacker lebt in Baden-Baden.

Christina Zacker

Das Mondlexikon

Das umfassende Nachschlagewerk

Econ Taschenbuch Verlag

Econ Taschenbuch Verlag 2000
Der Econ Taschenbuch Verlag ist ein Unternehmen
der Econ Ullstein List Verlag GmbH & Co. KG, München
Originalausgabe

Lektorat: Diane Zilliges
Umschlagkonzept: Büro Meyer & Schmidt, München – Jorge Schmidt
Umschlaggestaltung: Init GmbH, Bielefeld
Titelabbildung: Tony Stone, Hamburg

Satz: Josefine Urban – KompetenzCenter, Düsseldorf
Druck und Bindearbeiten: Ebner Ulm
Printed in Germany
ISBN 3-612-26722-1

Inhalt

Vorwort

Der Mond hat uns Menschen schon seit Anbeginn der Zeit fasziniert. Wir bewundern die Wandlung seiner Gestalt – von der vollen, silbrig glänzenden Scheibe über die schmale Sichel bis hin zum »schwarzen Mond«. Wir freuen uns über seinen strahlenden Glanz am klaren Nachthimmel und sein Versteckspiel zwischen den Wolken. Kaum jemand kann sich diesem Himmelsschauspiel entziehen, nicht umsonst kennen wir zahllose Gedichte und Lieder, die vom Begleiter unserer Erde handeln. Dichter und Sänger haben den Mond verklärt, für die Romantik der Liebenden ist er geradezu unerlässlich. Und auch die Wissenschaft interessiert sich für ihn: Für Astronomen war er jahrtausendelang ein ungelöstes Rätsel; Naturforscher versuchen aus ihm die Entstehung des Kosmos zu deuten und für Astrologen ist der Mond mit seinen Kräften noch heute bestimmend für jeden Menschen.

Für unsere Ahnen besaß der Mond – wie auch die Sonne – göttliche Kraft. Das lag zum einen an seiner Wandlungsfähigkeit, die er jeden Monat aufs Neue unter Beweis stellte. Zum anderen aber auch daran, dass die Menschen schnell herausfanden, dass der Mond das Leben auf der Erde stark beeinflusst. Genauere Beobachtungen ergaben: Beinahe alle Bereiche des Lebens sind dem Mond unterworfen:

- Acker- und Gartenanbau,
- Wetter und Wind,
- Gesundheit und Schönheit,
- Haushalt und Küche – und natürlich
- Sitten und Brauchtum.

So waren und sind die Phasen des Mondes wichtig, wenn man Kräuter und Heilpflanzen sammelt: Zu bestimmten Zeiten haben sie mehr Heilkräfte. Nach dem Stand des Mondes ergab sich eine gute oder schlechte Ernte – und so wurden Aussaat, Pflege und Ernte darauf abgestimmt, ob sich die volle Mondscheibe oder nur eine schmale Sichel am Himmel zeigte. Noch vor wenigen Jahrhunderten bestimmte das Wissen um die Kraft des Mondes das Leben: Ganz gleich, ob Bauer oder Arzt, Hebamme oder Dorfbader – jeder berücksichtigte die Kräfte des Mondes und setzte sie in Zusammenhang mit dem Gelingen seiner Arbeit. Erst als um die Mitte des 19. Jahrhunderts die Wissenschaft immer mehr erforscht hatte und dem Menschen immer bessere Techniken zur Verfügung standen, um Naturphänomene zu erklären, geriet das Mondwissen in Vergessenheit. Zum Glück allerdings nicht völlig: Viele der alten Überlieferungen haben sich bis in unsere Zeit erhalten. Seit einigen Jahren schon besinnt man sich wieder auf das uralte Brauchtum und merkt, dass die Weisheiten der Bauern und die Mondregeln unserer Vorfahren beileibe nicht nur Aberglaube sind.

In diesem Buch finden Sie alle wichtigen Lebensbereiche zusammengefasst, auf die der Mond wirkt. Sie können sich über astronomische Eckdaten zum Mond, über die Entstehung und das Funktionieren von Kalendern ebenso informieren, wie über die Pflege Ihres Gartens, Ihre eigene Gesundheit und Schönheit und das Wetter. Nach einer allgemeinen Einführung sind die einzelnen Kapitel jeweils alphabetisch nach Stichpunkten geordnet: So finden Sie das von Ihnen gesuchte Thema und Wissensgebiet schnell und problemlos. Außerdem sind in diesem lunarischen Handbuch jede Menge Tabellen zu den astronomisch und astrologisch wichtigen Bereichen, die den Mond betreffen.

Wer sich für Magie und Mystik interessiert, kommt mit diesem Buch ebenfalls auf seine Kosten: Mond und Magie sind nämlich untrennbar miteinander verbunden. Mondlegenden, Zaubersprüche und Hexenkunst gehören deshalb einfach dazu.

Christina Zacker

Kapitel 1

Der Mond: Phasen, Umlaufbahn, Daten

Ob Dichter, Sänger oder Liebende: Der Mond fasziniert die Menschen und regt ihre Fantasie an. Friedrich Gottlieb Klopstock (1724–1803) nannte ihn den »schönen, stillen Gefährten der Nacht«. Heinrich Heine (1797–1856) beschrieb ihn als »Riesenpomeranze, die auf den Wolken ruht«. Bis heute gehört die volle silberne Mondscheibe zu einem romantischen Liebesabend einfach dazu. Nur die Wissenschaft schließt sich da nicht an – sie hat unseren Mond entzaubert.

Schon früh haben sich die Gelehrten mit dem Erdtrabanten befasst. Dem polnischen Astronomen Nikolaus Kopernikus (1473–1543) gebührt das Verdienst, als Erster erkannt zu haben, dass die Planeten (dazu zählte man in früherer Zeit auch den Mond) nicht um die Erde, sondern um die Sonne kreisen. So mancher der frühen Mondkundigen war davon überzeugt, dass der Erdtrabant eine flache Scheibe ist und dass auf ihm die verstorbenen Seelen leben. Zudem glaubten viele, dass es auf ihm Kontinente und Meere gäbe. Galileo Galilei (1564–1642) gelang erstmals die Konstruktion eines Sehrohrs, das eine 30-fache Vergrößerung möglich machte. Damit konnte er bereits Anfang des 17. Jahrhunderts Mondberge erkennen. Heute birgt unser Mond (fast) keine Geheimnisse mehr – man hat ihn eingehend erforscht.

Lexikon von A–Z

Abnehmender Mond: die Zeitspanne zwischen *Vollmond* und *Neumond*.

Achsumdrehung: Auf seiner Bahn um die Erde dreht sich der Mond zusätzlich um die eigene Achse. Deshalb sehen wir von ihm immer nur ein und dieselbe Seite. Für die Achsumdrehung benötigt der Mond 27,32 Erdentage.

Alter: Forschungen ergaben, dass der Mond 4,6 Milliarden Jahre alt ist – also ebenso alt wie die Erde.

Apogäum: der Punkt auf der Mondumlaufbahn, der von der Erde am weitesten entfernt ist. Der Abstand beträgt dort 406 740 Kilometer.

Apollo: siehe *Mondlandung*.

Äquator: Auch der Mond hat einen größten Breitenkreis, der ihn in zwei Halbkugeln teilt. Der Umfang des Mondes beträgt dort 1738 Kilometer.

Äquinoktien: Tagundnachtgleichen. Damit bezeichnet man die beiden Punkte auf der Umlaufbahn der Erde um die Sonne, an denen der Tag überall auf dem Globus ebenso lang ist wie die Nacht. Das ist am 21. März und am 23. September eines jeden Jahres der Fall.

Astromomische Einheit: die durchschnittliche Entfernung von etwa 150 Millionen Kilometern zwischen Erde und Sonne. Mit dieser Einheit (abgekürzt: AE) lassen sich große Raumabstände im Sonnensystem besser darstellen. Die Entfernung zur Sonne beträgt beim Mars zum Beispiel 1,52 AE, beim Jupiter 5,29 AE und beim Pluto 39,52 AE. Ein Lichtjahr entspricht übrigens 63 240 AE – eine schier unvorstellbare Wegstrecke.

Aufgang des Mondes: richtet sich nach den *Mondphasen*. Das erste Viertel geht stets mittags auf, der *Vollmond* bei Sonnenuntergang, das letzte *Mondviertel* um Mitternacht und *Neumond* bei Sonnenaufgang.

Berge: Auf dem Mond sind die Berge selten höher als 2 500 Meter. Sie stehen jedoch isoliert und sind daher sehr beeindruckend. Die meisten Berge auf dem Mond ragen aus so genannten hellen Hochebenen hervor.

Blauer Mond: zweimal *Vollmond* im selben Kalendermonat, kommt etwa alle zweieinhalb Jahre vor und tritt meist in den Monaten mit 31 Tagen auf, niemals jedoch im Februar. Der blaue Mond im Jahr 2001 ist eine besondere Seltenheit: Er tritt am 1. und 30. November auf, also in einem Monat mit nur 30 Tagen. Im Jahr 2004 kommt es im Juli (02./31.) zu einem blauen Mond.

Chaldäische Periode: genau berechenbare Zeitdauer zwischen *Eklipsen*, auch *Saros-Zyklus* genannt.

Drakonitischer Monat: Bezeichnung aus der chinesischen Astrologie (auch: Drachenmonat), die wohl aus der mythologischen Vorstellung stammt, nach der bei einer *Sonnenfinsternis* ein Drache die Sonne verschlingt. Ein drakonitischer Monat bezeichnet den Zeitraum, den der Mond benötigt, um auf seiner Umlaufbahn denselben *Knoten*punkt wieder zu erreichen. Ein Drachenmonat dauert genau 27,21219 Tage beziehungsweise 27 Tage, 5 Stunden, 5 Minuten und 5,6 Sekunden.

Durchmesser: Der Mond hat einen Durchmesser von ungefähr 3 476 Kilometern – das entspricht etwa einem Viertel (genau: 27 Prozent) des Erddurchmessers.

Eklipse: allgemein eine Anordnung von Himmelskörpern, bei der einer den anderen ganz oder teilweise verdeckt in Relation zum Betrachterstandort. Als Sonderfälle kennen wir *Mondfinsternis* und *Sonnenfinsternis*. Sie entstehen, wenn sich Sonne, Mond und Erde auf einer Geraden befinden. Steht der Mond zwischen Sonne und Erde, wirft er seinen *Kernschatten* auf die Erde – es ist Sonnenfinsternis. Steht die Erde zwischen Sonne und Mond, verursacht ihr Schatten eine Mondfinsternis.

Eklipsen, Anzahl der: Finsternisse der Sonne sind etwas häufiger als die des Mondes. Im Durchschnitt entstehen pro Jahr zwei bis drei *Sonnen-* und ein bis zwei *Mondfinsternisse*. In seltenen Fällen allerdings kann man in einem Jahr von der Erde aus bis zu fünf Sonnenfinsternisse und bis zu drei Mondfinsternisse beobachten.

Eklipsen, Sicht auf: Man unterscheidet partielle und totale Eklipsen, je nachdem, ob der verdeckte Himmelskörper nur noch teilweise oder gar nicht mehr zu sehen ist. Trotz der größeren Zahl von *Sonnenfinsternissen* können von einem bestimmten Punkt auf der Erde aus häufiger *Mondfinsternisse* gesehen werden, denn diese sind von der gesamten Nachtseite der Erde aus beobachtbar. Sonnenfinsternisse dagegen erscheinen nur in einem sehr begrenzten Gebiet. An einem einzelnen Ort der Erde ist eine totale Sonnenfinsternis meist nur in Abständen von einigen Jahrhunderten sichtbar.

Eklipsensaison: Zeitspanne, in der die Sonne in einer Linie mit einem der beiden *Knoten*punkte der Mondbahn steht. In dieser Zeit sind *Sonnen-* oder *Mondfinsternisse* möglich. Die Saisons für Sonnenfinsternisse liegen 173 Tage – rund ein halbes Jahr – auseinander und dauern jeweils 37,5 Tage.

Ekliptik: Die Umlaufbewegung der Erde um die Sonne spiegelt sich in einer scheinbaren Bewegung der Sonne relativ zu den Sternen wider. Dabei umläuft die Sonne in einem Jahr die scheinbare Himmelskugel auf einer Bahn, die man Ekliptik nennt. Die Sonne durchquert dabei – aus der Blickrichtung des Betrachters – die Sternbilder des Tierkreises.

Elemente: Bodenproben der *Apollo*-Missionen ergaben, dass es auf der Mondoberfläche keine Substanzen oder Elemente gibt, die auf der Erde unbekannt sind. Nur die Zusammensetzung ist anders: Elemente wie Aluminium, Stickstoff, Kalzium, Titan oder Magnesium sind auf dem Mond in größerer Menge vorhanden.

Ellipse: in der Astronomie Bezeichnung der Umlaufbahn eines Himmelskörpers um einen anderen – zum Beispiel die des Mondes um die Erde.

Entfernung: Die mittlere Distanz zwischen Mond und Erde beträgt 384 400 Kilometer.

Erdabgewandte Seite: Weil der Mond sich um die eigene Achse dreht, sehen wir von ihm immer die gleiche Seite. Erst im Jahre 1959 sandte die unbemannte sowjetische Raumfähre »Luna 3« die ersten Bilder von der uns abgewandten Seite des Mondes. Sie bewiesen: Die »Rückseite« des Mondes sieht ähnlich aus wie die »Vorderseite«. Es gibt weniger *Meere* und ein Großteil der Oberfläche liegt höher als die auf der erdzugewandten Seite. Analysen der Einschläge von *Meteoriten* zeigen, dass die Kruste der von uns aus nicht sichtbaren Mondoberfläche dicker sein muss.

Geschwindigkeit: Mit einer Geschwindigkeit von durchschnittlich 3 680 Kilometern pro Stunde kreist der Mond auf seiner Bahn um die Erde. Sein Tempo beträgt beim *Apogäum* 3 464 Kilometer pro Stunde, beim *Perigäum* 3 908.

Gezeiten: periodisches Steigen und Fallen des Wasserspiegels von Meeren. Ebbe und Flut werden hauptsächlich von der Gravitationskraft des Mondes gesteuert. Daneben wirken auch die Anziehungskraft der Sonne sowie die durch die Rotation von Erde und Mond um einen gemeinsamen

Schwerpunkt hervorgerufenen Flichkräfte. Durch das Zusammenwirken der Gravitations- und der Fliehkräfte bildet sich auf der mondzugewandten und der mondabgewandten Seite je ein Wasserberg, unter dem sich die Erde wegdreht. Der Stand der Sonne wirkt sich dabei verstärkend (*Springflut*) oder abschwächend (*Nippflut*) aus.

Halbmond: die volle Mondscheibe ist genau zur Hälfte sichtbar. Tritt in zwei Phasen der *Lunation* auf – einmal zur Hälfte des *zunehmenden*, einmal zur Hälfte des *abnehmenden Mondes*.

Halos: meteorologische Bezeichnung von Lichtphänomenen rund um Mond oder auch Sonne. Man unterscheidet: 1) Höfe oder Kränze – das heißt farbige Ringe, die an Wolken nahe Mond oder Sonne im durchscheinenden Licht sichtbar werden. Sie entstehen, weil das Licht von Sonne oder Mond in den Wassertropfen kleinerer Wolken in seine Farben zerlegt wird. 2) wirkliche Halos – das heißt weite farbige Ringe um Sonne und Mond. Sie entstehen, wenn weißes Licht in dünnen Wolkenschichten, die aus Eiskristallen bestehen, in seine Spektralfarben zerlegt wird.

Heliakischer Aufgang: der erste in der Morgendämmerung sichtbare Aufgang eines Sternes in *Konjunktion* mit der Sonne. Er bestimmt die Länge eines *siderischen* Monats – wenn man von einer Eigenbewegung des Sterns absieht.

Herkunft: Man weiß nichts Genaues über den Ursprung des Mondes. Neueste Theorien besagen, dass der Mond in der Folge einer riesigen Kollision zwischen der Erde und einem (unbekannten) Planeten von der Größe des Mars entstand. Beim Zusammenstoß entwickelte sich eine Gas- und Materiewolke, die sich schließlich durch stetige Abkühlung zum Mond verdichtet hat. Die Kollision mit der sehr jungen, noch nicht festen Erde ist am Computer simuliert worden.

Kanäle: Mit dem Teleskop, aber auch mit bloßem Auge kann man auf der Mondoberfläche Linien erkennen. Sie wurden erstmals im Jahre 1896 entdeckt und kartografiert – etwa 50 Kanäle insgesamt. Später stellten sich die meisten von ihnen als optische Täuschung heraus. Tatsächlich vorhandene Linien dagegen sind Sprünge und Verwerfungen, die im Zusammentreffen unterschiedlicher Gesteinsschichten entstanden sind.

Kernschatten: Erde und Mond werfen einen Schatten ins Weltall, jeweils auf ihrer der Sonne abgewandten Seite. Wenn der Kernschatten der Mondes, auch *Umbra* genannt, auf die Erde trifft, entsteht eine *Sonnenfinsternis*.

Knoten: die beiden Stellen, an denen eine geneigte Umlaufbahn die Bahn eines anderen Himmelskörpers schneidet. Da die Bahn des Mondes gegenüber der Erdbahn um rund fünf Prozent geneigt ist, kann der Mond zweimal im Jahr in direkter Linie zwischen Erde und Sonne stehen – nämlich dann, wenn er einen der beiden *Mondknoten* passiert.

Komet: Kometen oder Schweifsterne sind außergewöhnliche Himmelserscheinungen, die für uns meist unsichtbar bleiben und deren Auftreten man nicht vorhersagen kann. Sie bewegen sich auf sehr langen, ellipsenförmigen Bahnen um die Sonne. Man kann sie jedoch nur dann sehen, wenn sie sich in Sonnennähe befinden – der Schweif eines Kometen besteht aus Staub und Gasen, die vom Sonnenlicht erleuchtet werden müssen. Im April des Jahres 1997 war über Mitteleuropa ein äußerst seltenes Himmelsschauspiel zu sehen: Mit bloßem Auge konnte man den doppelschwänzigen Kometen Hale-Bopp erkennen. Auch er kam ganz überraschend – die beiden Hobbyastronomen Hale und Bopp entdeckten ihn erst im Juli 1995. Seit über 2 000 Jahren wird der berühmte Komet Halley alle 76 Jahre am Himmel beobachtet. Das nächste Mal kann man ihn 2061 bestaunen.

Konjunktion: Stellung zweier Himmelskörper im gleichen Sternzeichen beziehungsweise auf dem gleichen Längengrad von der Erde aus gesehen. Stehen Sonne und Mond in Konjunktion, befindet sich der Mond von der Erde aus gesehen »nahe« der Sonne – er ist dann nicht sichtbar – wir haben *Neumond*.

Kopernikus, Nikolaus: polnischer Astronom (1473–1543), der das so genannte heliozentrische Weltbild entwickelte, nach dem die Erde und die Planeten um die Sonne und der Mond um die Erde kreisen. Das zuvor über Jahrhunderte gültige geozentrische Weltsystem, nach dem sich alle Himmelskörper um die Erde drehen, wurde damit abgelöst.

Korona: die obere Atmosphärenschicht der Sonne, die bei einer totalen *Sonnenfinsternis* als leuchtender Ring sichtbar wird.

Krater: auf der Mondoberfläche in allen Größen und Tiefen zu finden. Der größte Krater trägt den Namen Bailey und misst 296 Kilometer im Durchmesser. Man unterscheidet Krater, Kleinkrater ohne Zentralgebirge, Kraterkegel und Kratergruben. Die meisten Krater sind durch Einschläge von *Meteoriten* entstanden, manche auch durch urzeitliche, jetzt erloschene Vulkantätigkeit.

Librationen: Schwankungen in der Mondumlaufbahn. Der Mond umläuft die Erde nicht auf einer Kreisbahn, sondern auf einer *Ellipse*. Dadurch verändert sich seine Entfernung zur Erde und auch seine *Geschwindigkeit* bezüglich der Erde ist unterschiedlich. Da die *Achsumdrehung* jedoch gleich bleibt, scheint der Mond zu schwanken. Dabei werden einmal die östlichen und einmal die westlichen Randgebiete des Mondes sichtbar, wir sprechen von Libration der Länge. Der Winkel zwischen Mondäquator und der Ebene der Mondbahn bewirkt eine Libration der Breite: Mal wird ein größerer Teil des Südpols, mal ein größerer Teil des Nordpols des Mondes sichtbar. Durch die Libration werden insgesamt bis zu neun Prozent der *erdabgewandten Seite* des Mondes für uns sichtbar.

Licht: Der Mond hat kein eigenes Licht, sondern reflektiert lediglich das Sonnenlicht. Je nach Position von Sonne, Erde und Mond ist der Erdtrabant nicht, teilweise oder ganz zu sehen.

Lunation: Mondumlauf von *Neumond* zu Neumond. Der Mond benötigt einen *synodischen Monat*, um all seine Phasen einmal zu durchlaufen.

Mare (Mehrzahl: Maria): die »Meere« auf der Mondoberfläche. Es handelt sich dabei nicht um wassergefüllte Ozeane, sondern um trockene Ebenen, die allerdings beim Blick auf den Mond als dunklere Stellen – ähnlich einer Wasseroberfläche – erscheinen. Diese Maria waren vermutlich einmal große Flüsse von Lava, die zu Basalt erstarrten. Innerhalb der Maria gibt es kaum Krater, sie werden aber zum Teil von sehr hohen Gebirgen begrenzt. Das Mare Orientale ist übrigens nur teilweise sichtbar, es reicht auf die von der Erde abgewandte Seite des Mondes.

Masse: Auf dem Mond herrscht nicht dieselbe Schwerkraft wie auf der Erde, denn der Mond hat nur den einundachtzigsten Teil der Masse der Erde. Das bedeutet: Auf dem Mond sind wir leichter – man hat nur etwa ein Sechstel des Gewichtes auf der Erde. Das erlebten auch die Astronauten, die den Erdtrabanten besuchten: Sie bewegten sich in großen Sprüngen wie schwebend auf der Mondoberfläche.

Meridian: jede Kreislinie, die durch Süd- und Nordpol verläuft, auf dem Mond ebenso wie auf der Erde.

Meteorit: Gesteinsbrocken aus dem Weltall, die auf Planeten und Trabanten einschlagen und so *Krater* verursachen können. Solche Krater sind auf dem Mond sehr gut sichtbar. Auch die Erde wird von Meteoriten getroffen: Die meisten verglühen allerdings in der Erdatmosphäre und sind dort dann als Sternschnuppe sichtbar. Schon ein Staubkörnchen kann unter bestimmten Bedingungen heller am Himmel erscheinen als ein Stern. Meteoriten sind häufig die Überreste von *Kometen*. Bei entsprechender Größe können sie beim Aufprall auf die Erde durchaus gefährlich werden.

Mond: die allgemeine Bezeichnung der Trabanten von Planeten. Die Erde hat nur einen Mond, andere Planeten unseres Sonnensystems besitzen mehrere: Saturn 22 und Jupiter 16. Insgesamt haben die Planeten in unserem Sonnensystem 65 Monde.

Mondalpen: große Gebirgszüge auf dem Mond, entsprechend denen auf der Erde. Man kennt zum Beispiel auch die Mondapenninen.

Mondbeben: Der friedlich wirkende Mond wird täglich – das haben die Astronauten der Apollo-Missionen gemessen – von etwa zwei Beben erschüttert. Sie sind aber schwächer als jedes Erdbeben: Sie geben nur etwa so viel Energie ab wie eine Silvesterrakete – für einen Menschen also kaum spürbar. Man vermutet, dass Mondbeben durch Verschiebungen von Gesteinsschichten entstehen. Eine andere Ursache können die Einschläge von Meteoriten sein; sogar die Anziehungskraft der Erde kann Mondbeben erzeugen. Darauf weist die Tatsache hin, dass es vor allem im *Perigäum* zu häufigen Mondbeben kommt.

Mondfinsternis: völlige oder teilweise Verdunklung des Mondes, auch lunare *Eklipse* oder lunare Finsternis genannt. Sie ist nur bei *Vollmond* möglich. Bei einer Mondfinsternis taucht der Mond in den *Kernschatten* der Erde ein. Das ist immer dann der Fall, wenn der Mond einen von zwei *Knoten*punkten auf seiner Bahn um die Erde kreuzt. Da die Mondbahn etwas gegen die Ebene der Erdbahn geneigt ist, entstehen nicht in jedem Monat Finsternisse. Sie sind nur dann möglich, wenn der Vollmond nahe an der Ebene der Erdbahn steht. Anhand der nachfolgenden Tabelle können Sie die Mondfinsternisse bis zum Jahr 2012 genau ablesen:

Mondfinsternisse von 2000 bis 2012

Jahr	Datum	sichtbar in
2000	21. Januar	Pazifik, Nord- und Südamerika, Europa, Afrika
	16. Juli	Asien, Pazifik, Westküste von Nord- und Südamerika
2001	09. Januar	Ostküste von Nord- und Südamerika, Europa, Afrika, Asien
	05. Juli	Ostküste Afrikas, Asien, Australien, Pazifik
	30. Dezember	Ostküste Asiens, Australien, Pazifik, Nord- und Südamerika
2002	26. Mai	Ostküste Asiens, Australien, Pazifik, Westküste Nord- und Südamerikas
	24. Juni	Südamerika, Europa, Afrika, Zentralasien, Australien

Jahr	Datum	sichtbar in
2002	20. November	Nord- und Südamerika, Europa, Afrika, Ostasien
2003	16. Mai	Zentralpazifik, Nord- und Südamerika, Europa, Afrika
	09. November	Nord- und Südamerika, Europa, Afrika, Zentralasien
2004	04. Mai	Südamerika, Europa, Asien, Australien
	28. Oktober	Nord- und Südamerika, Europa, Afrika, Zentralasien
2005	24. April	Ostasien, Australien, Pazifik, Nord- und Südamerika
	17. Oktober	Asien, Australien, Pazifik, Nordamerika
2006	14. März	Nord- und Südamerika, Europa, Afrika, Asien
	07. September	Europa, Afrika, Asien, Australien
2007	03. März	Nord- und Südamerika, Europa, Afrika, Asien
	28. August	Ostasien, Australien, Pazifik, Nord- und Südamerika
2008	21. Februar	Zentralpazifik, Nord- und Südamerika, Europa, Afrika
	16. August	Südamerika, Europa, Afrika, Asien, Australien
2009	09. Februar	Osteuropa, Asien, Australien, Pazifik, Westküste Nordamerikas
	07. Juli	Australien, Pazifik, Nord- und Südamerika
	06. August	Nord- und Südamerika, Europa, Afrika, Westasien

Jahr	Datum	sichtbar in
2009	31. Dezember	Europa, Afrika, Asien, Australien
2010	26. Juni	Ostasien, Australien, Pazifik, Westküste Nord- und Südamerikas
	21. Dezember	Ostasien, Australien, Pazifik, Nord- und Südamerika, Europa
2011	15. Juni	Südamerika, Europa, Afrika, Asien, Australien
	10. Dezember	Europa, Ostafrika, Asien, Australien, Pazifik, Nordamerika
2012	04. Juni	Asien, Australien, Pazifik, Nord- und Südamerika
	28. November	Europa, Ostafrika, Asien, Australien, Pazifik, Nordamerika

Quelle: NASA

Mondfinsternis, Ausmaß der: hängt von der Bahn des Mondes durch den Erdschatten ab. Zieht er vollständig durch den *Kernschatten* der Erde, so kommt es zu einer totalen Mondfinsternis; der Mond verdunkelt sich völlig. Tritt er nur teilweise in den Kernschatten ein, so spricht man von einer partiellen Finsternis. Läuft der Mond dagegen nur durch den Halbschatten der Erde, dann liegt eine so genannte Halbschattenfinsternis vor – keine starke Verdunklung, sondern nur eine unbedeutende Verdüsterung ist die Folge. Auch bei einer totalen Finsternis verschwindet der Mond selten vollständig. Denn innerhalb der Erdatmosphäre werden Sonnenstrahlen in den Erdschatten hinein reflektiert.

Mondfinsternis, Dauer der: Der *Kernschatten* der Erde ist dreimal länger als die Entfernung zwischen Erde und Mond. Der Mond kreuzt den Schatten also in einem Bereich großer Breite. Daher dauert eine totale Mondfinsternis recht lang – bis zu einer Stunde und 40 Minuten.

Mondfinsternis, Farbe der: Auf dem langen Weg durch die Atmosphäre gelangen die rötlichen, langwelligen Lichtstrahlen am leichtesten zur Erde. So erscheint der Mond während einer totalen Finsternis rötlich oder bräunlich verfärbt.

Mondgestein: Die Oberfläche des Mondes besteht aus abgekühlter Lava und damit aus ähnlichen Substanzen wie irdisches Basaltgestein.

Mondknoten: die beiden Punkte, an denen die Umlaufbahn des Mondes um die Erde die Erdbahn um die Sonne schneidet. Beide sind nur errechnete beziehungsweise gedachte Schnittpunkte auf den Linien der beiden Umlaufbahnen. Siehe auch *Knoten.*

Mondknotenachse: die Achse zwischen den beiden *Mondknoten*. Sie wandert gegenläufig durch die *Tierkreiszeichen* – also nicht von Widder über Stier und Fische wieder zum Ausgangspunkt Widder, sondern rückwärts von Widder über Fische und Wassermann zum Widder. Bis die Mondknotenachse in dieser Richtung einmal durch alle Sternzeichen gewandert ist, vergehen etwa 18½ Jahre.

Mondlandung: Am 20. 7. 1969 setzten die ersten Menschen, die Amerikaner Neil Armstrong und Edwin Aldrin, ihren Fuß auf den Mond. Insgesamt waren in den Jahren 1969 bis 1972 sechs Raumschiffe (Apollo 11 bis 17) und mit ihnen zwölf Menschen zu Besuch auf dem Mond, dazu noch etliche unbemannte Raumflugkörper. Der Mond gilt daher als der am besten erforschte Himmelskörper.

Mondnacht: Mondnacht und Mondtag dauern zusammen einen *synodischen Monat* von etwa 29 Tagen. Die langsame Rotation des Mondes um seine Achse lässt es auf einem Punkt des Mondes etwa 14 Tage hell und 14 Tage dunkel sein.

Mondphasen: Während eines Monats durchläuft der Mond acht Phasen: *Neumond*, zunehmende Sichel, erstes *Mondviertel* (das ist der *Halbmond*), zunehmende Rundung, *Vollmond*, abnehmende Rundung, letztes Viertel (ebenfalls Halbmond), abnehmende Sichel. Der *Zyklus* beginnt nach alter Überlieferung immer dann, wenn der Mond direkt zwischen Sonne und Erde steht: Dann ist er für uns nicht sichtbar – wir haben Neumond. Ab diesem Zeitpunkt wird die Sichel nach und nach im Verlauf von 14 Erdentagen immer größer und runder – bis hin zur vollen Scheibe, dem Vollmond. Jetzt steht er genau auf der anderen Seite der Erde, dem Punkt gegenüber, an dem er seine Reise begonnen hat. Danach verschwindet der Mond nach und nach wieder – über den Halbmond zur schmalen Sichel und wieder hin zum Neumond.

Mondtag: siehe *Mondnacht*.

Mondviertel: zwei *Mondphasen*, bei denen der Mond als Halbkreis zu sehen ist. Beim zunehmenden *Halbmond* spricht man vom ersten Mondviertel, beim abnehmenden vom letzten Mondviertel (bezogen auf den Zeitraum der *Lunation*).

Neumond: der Beginn und das Ende einer *Lunation*. Der Mond ist jetzt nicht sichtbar, denn Sonne und Mond stehen in der gleichen Position, der Mond etwa zwischen Sonne und Erde.

Nippflut: sehr niedrige *Gezeiten*, die sich kaum voneinander unterscheiden. Sie entstehen, wenn Sonne und Mond bezüglich der Erde im rechten Winkel zueinander stehen.

Opposition: in der Astronomie Stand der Erde zwischen einem Himmelskörper und der Sonne. Liegen Sonne, Erde und Mond so auf einer Geraden, bedeutet dies auch, dass Sonne und Mond in gegenüberliegenden Sternzeichen stehen. Der Mond ist dann ganz zu sehen – wir haben *Vollmond.*

Paludes (von lat. »palus« für »Sumpf«): eine Art der Mondformationen. Nach der wissenschaftlichen Unterteilung sind die Paludes ähnliche wie Maria (*Mare*) geformt, allerdings sind sie kleiner.

Penumbra: Halbschatten und damit der äußere Bereich des *Kernschattens*, den der Mond bei einer *Eklipse* auf die Erde wirft. Von einem Standort innerhalb der Penumbra kann man stets nur eine partielle *Sonnenfinsternis* erkennen.

Perigäum: der Punkt auf der Mondumlaufbahn, an dem der Mond der Erde am nächsten ist. Die Entfernung beträgt dort 356 410 Kilometer. (Vergleiche auch *Apogäum.*)

Planet (von griech. planetes für Wanderer): ein Himmelskörper, der sich auf einer elliptischen Bahn um die Sonne bewegt. Planeten besitzen keine eigene Leuchtkraft. In unserem Sonnensystem gibt es – von der Sonne aus gerechnet – neun Planeten: Merkur, Venus, Erde, Mars, Jupiter, Saturn, Uranus, Neptun und Pluto.

Präzession: sehr langsame kegelförmige Bewegung der Erdachse.

Ptolemäus: auch Klaudios Ptolemaios; um 140 n. Chr. im ägyptischen Alexandria lebender Mathematiker und Sternenkundiger. Von ihm stammt das geozentrische Weltbild, nach dem sich alle Planeten um die Erde drehen, beschrieben in seinem »Syntaxis mathematike« (arabisch: »Almagest«). Ptolemäus verfasste das erste astrologische Lehrbuch und er hat den ältesten überlieferten Fixsternkatalog herausgegeben.

Retardation: die tägliche Verzögerung des Mondauf- und unterganges, da sich der Mond auf seiner Umlaufbahn täglich in einer anderen Position zur Erde befindet. Im jährlichen Durchschnitt liegt die tägliche Verzögerung bei etwa 50 Minuten.

Rilles: linienförmige Strukturen an der Mondoberfläche, die durchaus die Form von tiefen Gräben und Rissen haben können und parallel zu den Bergketten verlaufen. Insgesamt kennt man über 2 000 Rilles. Diese Gräben können bis zu 300 Kilometer lang sein.

Ringstruktur: Begriff für die Formen an der Oberfläche des Mondes. Man unterscheidet Wallebenen, Ringgebirge, Ringebenen, *Krater*, düstere Ringe und Verwerfungen.

Saros-Zyklus: auch chaldäische Periode; die regelmäßige Abfolge von *Eklipsen*, die zur Vorausberechnung von *Sonnen-* und *Mondfinsternissen* herangezogen wird, da nach einer vollständigen Saros-Periode Sonne, Mond und Erde wieder fast genau an die gleiche Stelle ihrer Bahn zurückkehren. Bereits die Babylonier wussten um diesen Zyklus, nach dem gleichartige Finsternisse in einem Abstand von 18 Jahren und 10 1/3 Tagen (bei fünf Schaltjahren in diesem Zeitraum und 11 1/3 Tagen, wenn vier Schaltjahre dazwischenliegen) aufeinander folgen. Da Sonne, Mond und Erde nach einer Saros-Periode nur ungefähr an ihre Ausgangsposition zurückkehren, sind die folgenden Finsternisse nicht immer an der gleichen Stelle der Erde sichtbar. Zumindest kann man mit dem Saros-Zyklus bestimmen, an welchem Ort eine Eklipse zu sehen sein wird. Nach einem Zeitraum von etwa 1 200 bis 1 400 Jahren reißt die Folge der Finsternisse einer Saros-Periode ab und es startet ein neuer Saros-Zyklus. Er beginnt, wenn der Mondschatten erstmals den Nord- oder Südpol berührt. Alle Saros-Zyklen werden fortlaufend nummeriert. Die *Sonnenfinsternis* am 11. August 1999 war die 21. von insgesamt 77 Finsternissen des 145. Saros-Zyklus. Innerhalb dieses Zyklus ist die nächste Eklipse in 18 Jahren über den USA zu beobachten.

Sichtbarkeit des Mondes: richtet sich nach den Mondphasen. Das erste *Mondviertel* ist stets abends (in der ersten Nachthälfte) sichtbar, der *Vollmond* die ganze Nacht hindurch, das letzte Viertel morgens (in der zweiten Nachthälfte) und der *Neumond* bleibt unsichtbar: Er steht tagsüber am Himmel und wird von der Sonne auf der erdzugewandten Seite nicht angestrahlt.

Siderischer Monat: Zeit, die der Mond zum Umlauf um die Erde unter Bezug auf einen bestimmten Fixstern benötigt. Die Dauer des siderischen Monats beträgt im Durchschnitt 27,32 Tage, das entspricht 27 Tagen, 7 Stunden, 43 Minuten und 11,5 Sekunden.

Sinii: Buchten auf der Mondoberfläche.

Sonnenfinsternis: die teilweise oder totale Verdeckung der Sonne durch die Mondscheibe. Wie die *Mondfinsternis* kann auch eine Sonnenfinsternis nur auftreten, wenn Sonne, Erde und Mond auf einer Linie liegen. Sonnenfinsternisse finden daher nur bei *Neumond* statt, wenn der Mond zudem nahe den *Knoten*punkten seiner Bahn steht. Eine Sonnenfinsternis entsteht also, wenn der Neumond sich direkt zwischen Sonne und Erde über einen Knotenpunkt schiebt. Der Mond verdeckt die Sicht auf die Sonne, sein Schatten fällt auf die Erde. Von dort aus wirkt der Mond schwarz. Bei einer totalen Sonnenfinsternis (bei uns in Mitteleuropa war sie hervorragend sichtbar am 11. August 1999 um die Mittagszeit) verdeckt der Mond die Sonne vollständig – nur ein schmaler Rand bleibt sichtbar. Von einer Ringform wird gesprochen, wenn der Mond relativ nah an der Erde steht und so von der Sonne ein breiter Ring sichtbar bleibt. In der nachstehenden Tabelle sehen Sie die wichtigsten Daten der Sonnenfinsternisse bis zum Jahr 2010:

Sonnenfinsternisse von 2000 bis 2010

Jahr	Datum	Typ	sichtbar in
2000	5. Februar	partiell	Antarktis
	1. Juli	partiell	Südpazifik, Südamerika
	31. Juli	partiell	Nordasien, Nordamerika
	25. Dezember	partiell	Nord- und Mittelamerika
2001	21. Juni	total	Südamerika, Afrika
	14. Dezember	Ringform	Nord- und Mittelamerika
2002	10. Juni	Ringform	Asien, Australien, Nordamerika
	04. Dezember	total	Afrika, Antarktis, Indonesien, Australien
2003	31. Mai	Ringform	Europa, Asien, Nordamerika
	23. November	total	Australien, Neuseeland, Antarktis, Südamerika
2004	19. April	partiell	Antarktis, Afrika
	14. Oktober	partiell	Asien, Hawaii, Alaska

Jahr	Datum	Typ	sichtbar in
2005	08. April	partiell	Neuseeland, Nord- und Südamerika
	03. Oktober	Ringform	Europa, Afrika, Asien
2006	29. März	total	Afrika, Europa, Asien
	22. September	Ringform	Südamerika, Afrika, Antarktis
2007	19. März	partiell	Asien, Alaska
	11. September	partiell	Südamerika, Antarktis
2008	07. Februar	Ringform	Antarktis, Australien, Neuseeland
	01. August	total	Nordamerika, Europa, Asien
2009	26. Januar	Ringform	Afrika, Antarktis, Asien, Australien
	22. Juli	total	Asien, Pazifik, Hawaii
2010	15. Januar	Ringform	Afrika, Asien
	11. Juli	total	Südamerika

Quelle: NASA

Springflut: die stärksten *Gezeiten*; sie entstehen, wenn Mond, Erde und Sonne auf einer Geraden liegen. Die Unterschiede zwischen Ebbe und Flut sind dann sehr groß.

Struktur: Der Mond ist ähnlich aufgebaut wie die Erde: Er besteht aus Kruste, Mantel und Kern. Kruste und Mantel sind im Verhältnis jedoch dicker – möglicherweise deshalb, weil die *Temperatur* im Mondinnern geringer ist als in der Erde.

Synodischer Monat: die Zeitspanne, die den *Zyklus* von Neumond zu Neumond umfasst. Die Dauer eines synodischen Monats beträgt 29,53 Tage beziehungsweise 29 Tage, 12 Stunden, 44 Minuten und 2,9 Sekunden.

Temperatur: Auf der Oberfläche des Mondes herrschen auf der der Sonne zugewandten Seite etwa 134 Grad Celsius. Auf der sonnenabgewandten Seite sinkt die Temperatur stark ab – auf bis zu minus 153 Grad Celsius. Die starken Temperaturunterschiede entstehen, weil auf dem Mond keine Luftschicht vor der direkten Einstrahlung des Sonnenlichts schützt.

Tierkreiszeichen: Der Mond wandert in einem *synodischen Monat* einmal durch alle zwölf Tierkreiszeichen, durch den *Zodiakus*. In jedem Zeichen verweilt er etwa zweieinhalb Tage.

Umbra: Kernschatten des Mondes. Wenn er auf die Erde fällt, wird in diesem Bereich die Sonne von der Mondscheibe abgedeckt. Ist eine solche *Sonnenfinsternis* total, bleibt von der Sonne für eine kurze Zeit nur ein Ring zu sehen. Die Umbra kann eine Höchstbreite von 300 Kilometern erreichen und verläuft normalerweise mehrere tausend Kilometer über den Globus.

Umlaufzeit: Zeitspanne, die ein Planet, Trabant oder Satellit für seinen Umlauf auf einer geschlossenen Bahn um einen anderen Himmelskörper benötigt. Der Mond braucht zum Beispiel einen *siderischen Monat*, um einmal um die Erde zu kreisen.

Untergang des Mondes: richtet sich nach den Mondphasen. Das erste *Mondviertel* geht stets um Mitternacht unter, der

Vollmond bei Sonnenaufgang, das letzte Mondviertel um die Mittagszeit und *Neumond* bei Sonnenuntergang.

Vollmond: eine Phase der *Lunation*, wenn die volle Scheibe des Mondes am Himmel sichtbar ist, weil Sonne und Mond in gegenüberliegenden Sternzeichen stehen.

Weiße Strahlen: ein System heller Linien, die wie die Speichen eines großen Rades von bestimmen *Kratern* ausgehen. Die Strahlen treten niemals in dem Krater auf, der ihren jeweiligen Mittelpunkt bildet. Insgesamt haben sie eine Länge von etwa 3 000 Kilometern. Man sieht die weißen Strahlen am besten bei *Vollmond*. Die Liniensysteme wurden zwar von den Apollo-Astronauten untersucht, dennoch weiß man nur wenig über ihre Herkunft.

Zodiakus: der Tierkreis, ein Bereich am Himmel, durch den sich die Bahnen von Sonne, Mond und Planeten ziehen. In der Mitte dieser Bahnen liegt die *Ekliptik*, an der entlang sich die zwölf Sternbilder, die so genannten *Tierkreiszeichen*, befinden. Die moderne Astronomie hat – um die kreiselförmige Bewegung der Erdachse, die *Präzession*, auszugleichen – noch ein 13. Sternbild eingeführt, den Schlangenträger.

Zunehmender Mond: die Zeitspanne zwischen *Neumond* und *Vollmond*.

Zyklus: Die einzelnen *Mondphasen* bezeichnet man auch als Zyklus. Eine Faustregel sagt uns, wann der Mond zu- oder abnimmt: Läßt sich die sichtbare Mondrundung zu einem altdeutschen *z* ergänzen, nimmt der Mond zu, entspricht die Rundung einem **a**, nimmt der Mond **a**b. Oder: Wächst der helle Teil von rechts nach links, nimmt der Mond zu. Wächst der dunkle Teil von rechts nach links, nimmt der Mond dagegen ab.

Kapitel 2

Der Mond: Kalender und besondere Tage

Kalender sind nichts anderes als Instrumente, mit denen man die Zeit messen kann. Dies gilt in unserer modernen Epoche ebenso wie zu Zeiten unserer Urahnen. Die ersten Kalender, die man bei Ausgrabungen gefunden hat, stammen aus prähistorischer Zeit, sie sind etwa 40 000 Jahre alt. Es waren Mondkalender – ein deutliches Anzeichen dafür, dass der Mond und seine Zyklen das erste Hilfsmittel waren, sich die Zeit begreiflich zu machen. Unsere Vorfahren ritzten in Stein oder Knochen ein, wann sich Voll- und Neumond am Himmel zeigten. An diesen Tagen konnte man den Rhythmus des Mondes am besten erkennen, sie galten deshalb schon sehr früh als besondere Mondtage. Nicht nur in alter Zeit, sondern bis heute werden auf der Welt zwei Kalender benutzt: der offizielle Sonnenkalender und der inoffizielle Kalender der Bauern, der auf dem Mondwechsel und dem Menstruationsrhythmus der Frau beruht.

Als man durch Ackerbau und Viehzucht sesshaft wurde, war es noch wichtiger, den genauen Lauf von Mond und Sonne sowie das damit zusammenhängende Wetter zu beobachten: Diese Wahrnehmungen waren entscheidend für Aussaat und Ernte, man entdeckte Wiederholungen, stellte Gesetzmäßigkeiten fest und leitete die ersten Wetterregeln daraus ab. Unseren Urahnen war schnell klar: Der Mond ist für das alltägliche Leben wichtig, seine Phasen stehen in direktem Zusammenhang mit Jahreszeiten und Wetter.

In den alten Kulturen Babylons und Ägyptens, aber auch in China und bei den Mayas in Südamerika hat man den Lauf von Sonne und Mond, von Planeten und Sternen perfekt registriert. Ihre Kalender weichen nur wenige Tage von unseren modernsten Messungen ab. Forscher sind sich heute einig: Das Bewusstsein eines Kalenders entwickelte sich zuerst bei den Frauen. Sie führten Aufzeichnungen, um die monatliche Regel festzuhalten, und bemerkten schnell, dass der Zyklus des Mondes damit übereinstimmte. Vielleicht liegt es daran, dass der im Deutschen männliche Mond in vielen Sprachen weiblich ist: zum Beispiel *la lune* im Französischen und *la luna* im Italienischen.

Der Mond war also ein natürliches Messinstrument: Sein Zyklus dauert immer gleich lang – nämlich etwa 28 Tage. Die alten Mondkalender teilte man daher in 13 Monate mit jeweils 28 Tagen ein. Der uralte Mondrhythmus ist auch in unseren modernen Kalendern noch deutlich sichtbar: Unsere Woche hat sieben Tage, vier dieser Wochen entsprechen der Dauer eines ganzen Mondzyklus und machen etwa einen Monat aus. Natürlich passt dies nicht exakt zum Lauf der Sonne und den danach aufgebauten Kalendern. Zwölf Monate im Mondrhythmus ergeben nur 336 Tage. Daher fügte man einen 13. Monat ein und kam damit auf ein Jahr mit immerhin 364 Tagen, das den 365 Tagen des Sonnenjahres nahe kam. Ein zusätzlich eingeschalteter Tag brachte den 365. Tag. Die aus Märchen bekannte Redensart »auf Jahr und Tag« stammt übrigens daher. Im alten Römischen Reich galt ein solcher Kalender für lange Zeit.

Julius Cäsar haben wir es zu verdanken, dass bei uns heute kein dreizehnmonatiger Kalender mehr gilt, sondern ein Sonnenkalender: der Nilkalender Ägyptens. Dort berechnete man die Zeit nach dem Steigen und Fallen der Lebensader des Landes, des Nils. Die Ägypter kannten zwölf Monate mit je 30 Tagen, die dabei fehlenden fünf Tage wurden einfach am Ende angehängt. So kam man damals schon auf ein Jahr von 365 Tagen – wie es auch unserem gewöhnlichen Jahr entspricht. Der Nilkalender funktionierte so gut, dass Cäsar ihn für das Römische Reich übernahm. Allerdings führte er ein Schaltjahr für jedes vierte Jahr ein, in dem wir noch heute statt 365 Tagen 366 haben. Doch bei dem nach Cäsar benannten julianischen Kalender gab es Jahr für Jahr ein paar Minuten zuviel. Nach 1 600 Jahren hatte sich das auf fast zehn Tage summiert. Die katholische Kirche beschloss deshalb eine Kalenderreform. Sie fand im Jahre 1582 statt. Papst Gregor XIII. (1502–1585) entschied, den bis dahin gültigen Kalender des alten Römischen Reiches endlich den tatsächlichen Gegebenheiten anzupassen: Auf den 4. Oktober 1582 folgte sofort der 15. Oktober. Und die von Cäsar eingeführten Schaltjahre sollten immer dann ausfallen, wenn ein Jahrhundert vollendet wird, dies allerdings nicht, wenn die neue Jahreszahl durch 400 teilbar ist. Das Schaltjahr 2000 ist also ein echtes Schaltjahr mit einem 29. Februar, weil die Zahl 2000 durch 400 teilbar ist. Im Jahre 1900 war es anders: Da gab es keinen zusätzlichen Tag im Februar.

Mit diesen Feinabstimmungen erhielt man einen sehr genauen Zeitmesser. Der nach dem Papst benannte gregorianische Kalender setzte sich in Europa dennoch nur langsam durch. Viele Jahrzehnte herrschte ein kalendarisches Durcheinander: Protestantische Regionen zum Beispiel übernahmen die neue Regelung nur sehr zögerlich, und bei der Landbevölkerung wurde bis in unsere Zeit hinein nach dem Mondkalender gesät und geerntet.

Den Zyklus des Mondes teilte man innerhalb eines Monats in vier Teile, Voll- und Neumond gelten als Sonderfälle:

- Der Zeitraum von Neumond bis zunehmender Halbmond galt als erste Phase oder erstes Quartal,
- von Halbmond bis Vollmond als zweite Phase oder zweites Quartal,
- die Spanne von Vollmond bis abnehmender Halbmond wurde als dritte Phase oder drittes Quartal bezeichnet und
- die Zeit von Halbmond bis Neumond hieß vierte Phase oder viertes Quartal.

Die Symbolik der einzelnen Phasen stellte sich so dar:

- Die zunehmende Sichel im ersten Quartal zeigte Zeugung und Geburt an.
- Für das Wachstum stand der zunehmende Mond bis zum Vollmond.
- Das Sterben der Natur wurde vom abnehmenden Mond bis hin zum Neumond symbolisiert.
- Den Tod stellten die drei Nächte des Neumondes dar.
- Die erneute Wiedergeburt zeigte sich in der schmalen Sichel des zunehmenden Mondes.

Je nachdem, wie der Mond steht, ob er abnimmt oder zunimmt, ob Vollmond oder Neumond herrscht – stets ist seine Wirkung auf Mensch und Natur eine andere.

Der jeweils siebte Tag einer Mondphase gilt in vielen Religionen als heilig. Denn an jedem siebten Tag wandelt sich die Gestalt des Himmelsgestirns, sie geht jeweils in eine andere Form über. Daraus entstand die Einteilung der Woche mit sechs gewöhnlichen und einem heiligen Tag: Bei uns ist dies der Sonntag, bei den Moslems gilt der Freitag und bei den Juden der Samstag als der besondere Tag: Gott ruhte an diesem Tag – so berichtet es die Schöpfungsgeschichte im Ersten Buch Moses.

Lexikon von A–Z

Abnehmender Mond: die Phase des Mondes, in der er von *Voll-* zu *Neumond* immer schmaler wird. Der abnehmende Mond deutet auf allmählich nachlassende Energie, Erholung und schöpferische Pause hin. Die gesamte Phase des abnehmenden Mondes dauert 13 bis 14 Tage.

Ackermonat: eine alte Bezeichnung für den *März.*

Adventsmonat: auch Andresmonat; eine alte Bezeichnung für den *Dezember*, der dem Andreastag am 30. November folgt.

Ägyptischer Kalender: ein alter Kalender, der sich am Steigen und Fallen der Wasser des Nils orientiert. Seit dem vierten Jahrtausend vor unserer Zeitrechnung wurde in Ägypten ein Sonnenjahr mit 365 Tagen Dauer verwendet. Es war in zwölf Monate zu 30 Tagen und fünf Zusatztage unterteilt. Je vier Monate bildeten die Flut-, die Saat- und die Ernteperiode – ein klarer Bezug auf die alljährlichen Überschwemmungen durch den Nil. Die Lage dieser Perioden zum kalendarischen Jahresanfang schwankte allerdings, denn sowohl der mittlere Zeitpunkt des Nilhochwassers als auch Aussaat und Ernte müssen sich nach dem *tropischen Jahr* richten. Der Beginn dieser vor allem landwirtschaftlich wichtigen Perioden orientierte sich daher am Aufgang des Sternes Sirius (ägypt. »Sothis«). Der offizielle ägyptische Kalender kannte keine *Schalttage*, sodass sich

der *Neujahrstag* in einem Zeitraum von etwa 1 460 Jahren quer durch alle Jahreszeiten bewegte.
Im Jahre 238 v. Chr. versuchte Ptolemeus Euergetes neben den fünf an das normale Sonnenjahr angehängten Tagen einen besonderen Schalttag einzuführen, der alle vier Jahre eingeschoben werden sollte. Dieser Tag würde den Kalender an das tropische Jahr angleichen. Doch erst auf Druck des römischen Kaisers Augustus fand dieser neue Kalender ab etwa 26 v. Chr. zunehmend weitere Verbreitung. Der neue Kalender ähnelte weitgehend dem *julianischen Kalender*. Der Schalttag stand am Ende des ägyptischen Jahres, was dem 29. August des julianischen Kalenders entsprach.

Äquinoktien: die *Tagundnachtgleichen* am 21. März beziehungsweise 23. September. An diesen beiden Daten dauern überall auf der Welt Tag und Nacht gleich lang.

Allerheiligen: der 1. November, einer der bedeutendsten Feiertage im Kirchenjahr und zwar seit dem 9. Jahrhundert. Man glaubte, dass mit dem Zwölf-Uhr-Läuten die Seelen aller Getauften frei würden, um dorthin zurückzukehren, wo sie als Menschen gelebt haben. Sicherlich ist dieser Feiertag auf das alte *Halloween* zurückzuführen, auf den keltischen All Hallow's Day.

Allerseelen: der 2. November als bedeutsamer Tag der christlichen Kirche. Er geht auf den Abt Odilo von Cluny zurück (um 998). An diesem Tag gedenkt die Volksfrömmigkeit der Verstorbenen, der »armen Seelen«, die noch im Fegefeuer sind und dort von ihren Unvollkommenheiten und Sünden gereinigt, geläutert werden. Die Vorstellung eines Zwischenreiches zwischen dem Jenseits, dem endgültigen Aufenthaltsort der Toten, und dem Reich der Lebenden findet sich in vielen Religionen.

Ander Augst: eine alte Bezeichnung für den *September*.

Ander Herbst: eine alte Bezeichnung für den *Oktober*.

Ander Wintermonat: eine alte Bezeichnung für den *Dezember*. Der November wurde manchmal schon *Wintermonat* genannt, der Dezember folgte ihm.

Anomalistisches Jahr: die Zeitspanne zwischen zwei Durchgängen der Erde durch das Perihel (den sonnennächsten Punkt) der Erdbahn. Es dauert 365,259626 Tage.

April: Der Monatsname kommt vermutlich vom lateinischen »aperire« (= öffnen): Die Römer feierten damit die Zeit, in der die Erde sich öffnete, in der alles keimte. Aprilis ist wohl eine römische Form der Aphrodite, der Göttin von Liebe und Tod.

Astrologisches Jahr: die Zeitspanne zwischen dem 21. März und dem 20. März des darauf folgenden Jahres.

Augst: eine alte Bezeichnung für den *August*.

August: Monatsname, für den Kaiser Augustus Pate stand. Der ursprünglich sechste Monat des alten römischen Jahres wurde auch Sextilis genannt (nach dem Lateinischen »sextus« – der Sechste). Weil Kaiser Augustus im Sextilis des Jahres 43 v. Chr. sein erstes Konsulat innehatte, wurde dieser Monat später ihm zu Ehren umbenannt. Augustus (im Lateinischen der »Erhabene«) war übrigens seit dem Jahre 27 v. Chr. der Ehrentitel der römischen Kaiser. Im alten Rom nannte man früher jemanden so, der vom Geist der Orakelgöttin Juno Augusta erfüllt war. Die christliche Kirche führte die Monatsbezeichnung August später auf den heiligen Augustinus zurück.

Beltane: auch Behain; keltische Bezeichnung für die Nacht vor dem 1. Mai. In dieser so genannten Frei-Nacht darf in den dörflichen Gemeinden Schabernack und Unfug getrieben werden. Dieser *heidnische heilige Tag* war ursprünglich ein Fest zur Eröffnung des fröhlichen Mai mit all seiner sexuellen Freiheit und dem so genannten Grüntragen zu Ehren des neuen Frühlingsgewandes der Mutter Erde. Beltane gehörte zu den höchsten Feiertagen der Kelten. Außerdem galt die Walpurgisnacht, die zu Beltane stattfand, als großer Sabbat der Hexen: Die Menschen waren in dieser Nacht vor ihnen sicher, denn die Zauberinnen ritten mit Hexensalbe bestrichen auf dem Besen zum Blocksberg und holten sich dort bei Orgien und Höllenmahl neue magische Kraft.

Der Name »Walpurgisnacht« ist übrigens ein kirchlicher Versuch, dieser Hexennacht nachträglich einen christlichen Stempel aufzudrücken: Walpurga soll im achten Jahrhundert eine Heilige gewesen sein, die den Menschen Schutz vor Hexen und Zauberei gebracht hat.

Als drittes großes Fruchtbarkeitsfest (nach *Candlemas* und *Ostara*) feierte man auch in Rom zu Beltane die »Nacht des Überschwangs«, der freien Liebe zu Ehren der im Frühjahr neu erwachenden Fruchtbarkeitsgöttin Ceres. Bis ins 16. Jahrhundert hinein galt der Brauch, dass Ehebande und Moral in dieser Nacht außer Kraft gesetzt waren.

Blauer Mond: Vollmonde, die zweimal im selben Kalendermonat erscheinen.

Brachmond: eine alte Bezeichnung für den *Juni*. Sie deutet an, wie man in früheren Zeiten die Felder bearbeitete – in Dreifelderwirtschaft nämlich. Bei diesem System wurde zwei Jahre lang im Wechsel Sommer- und Wintergetreide angebaut, und im dritten Jahr das Feld mit Hackfrüchten bepflanzt. Diese letzte Pflanzung nannte man Brache. Sie wurde meist im Juni ausgebracht.

Candlemas: Nach altem Brauch gilt *Lichtmess* oder Candlemas als Hexensabbat und als *heidnischer heiliger Tag*: Die Kräfte des Mondes erwecken und verstärken in dieser Nacht vom

1. zum 2. Februar die Hexenkräfte. Die Initiation der Hexen an diesem Tag wurde bei den Kelten *Imbolc* genannt.

Chinesischer Kalender: Im alten China wurde ein *Lunisolarjahr* benutzt. *Schaltmonate* brachten hier – ebenso wie in Griechenland beim *metonischen Zyklus* – die Übereinstimmung von *Mondjahr* und *tropischem Jahr*. Es gab allerdings keine genaue Jahreszählung, stattdessen wurden die Jahre durch eine Kombination eines Symbols aus der chinesischen Naturphilosophie und eines Zeichens aus der chinesischen Astrologie festgehalten. Es existierten fünf Symbole und zwölf Tierzeichen, die jeweils zyklisch durchlaufen wurden. In einem 60-jährigen Zyklus hatte damit jedes Jahr eine eindeutige Bezeichnung. Die einzelnen Zyklen wurden durch die Angabe eines wichtigen Ereignisses oder die Nennung des regierenden Kaisers gekennzeichnet.

Christi Himmelfahrt: nach christlichem Glauben die Aufhebung Christi ins Himmelreich. Die Feier gehört zum Osterfestkreis. *Karfreitag* (der Tod Christi), *Ostersonntag* (die Auferweckung) und Himmelfahrt hängen heute noch vom Mondkalender ab. Sie haben kein festes, unveränderliches Datum im modernen Kalender. Der Himmelfahrtstag ist übrigens eng mit dem Gewitterglauben verknüpft: Dieses Fest wird stets an einem *Donnerstag*, dem Tag des altgermanischen Donnergottes Thor, gefeiert. Nach alter Vorstellung öffnete sich an diesem Tag der Himmel – dadurch herrscht besondere Unwettergefahr.

Christliche Feiertage: Sie beruhen häufig auf den älteren *heidnischen heiligen Tagen*. Durch den Sonnenkalender wurden diese um ein oder mehrere Tage versetzt – und waren fortan verfemt.

Christmonat: eine alte Bezeichnung für den *Dezember*.

Dezember: Der Monatsname stammt vom lateinischen »decem« für zehn und ist nach dem römischen Kalender der zehnte Monat.

Dienstag: nach alter Überlieferung der Wochentag des Planeten Mars. Der Name kommt vom mit Mars verwandten germanischen Gott Ziu, einem Gott des Krieges und des Gerichts. Der Dienstag gilt daher von alters her als bester Tag für Gerichts- und Vertragssachen, ist außerdem günstig für einen Dienstantritt, ebenso für Hochzeiten. Diese waren ja in früherer Zeit eher ein wirtschaftlicher Zusammenschluss als die Festigung einer Liebesbeziehung.

Donnerstag: nach alter Überlieferung der Tag des Planeten Jupiter. Er gilt als Glückstag, beinahe so wie der *Sonntag*. In der Bezeichnung steckt der germanische Gott Thor oder Donar, und demzufolge ist es auch ein wilder Tag, voller Donner. Manche Arbeit ist verboten, denn in heidnischen Zeiten galt der Donnerstag als Feiertag, in vielen Orten war Gerichts- oder Markttag. Der nachfolgende *Freitag* war nach christlicher Überzeugung ein ausgesprochener Unglückstag, an dem man am besten gar nicht erst aufstand.

Erntemond: auch Ernting; eine alte Bezeichnung für den *September*. Da der Vollmond um diese Jahreszeit ein paar Nächte hintereinander schon am frühen Abend aufgeht, gibt es mehr Helligkeit. Die Bauern hatten daher bis in den späten Abend hinein genug Licht für das Einbringen der Feldfrüchte.

Falemaen: eine alte Bezeichnung für den *März*.

Februar: Der Monatsname stammt von der fiktiven Märtyrerin Febronia, die nach dem immer währenden Heiligenkalender am 25. Juni ihren Namenstag feiert. Ursprünglich jedoch ist der Name Februar auf die römische Göttin Juno Februata zurückzuführen: Sie galt als Schutzherrin der Liebesleidenschaft (lat. »febris«) und ihr zu Ehren gab es orgiastische Feiern. Das Wort »februare« übernahmen die Römer übrigens von den Sabinern – es bedeutet so viel wie reinigen. Der König Numa Pompilius (715–652 v. Chr.) fügte gut 600 Jahre vor unserer Zeitrechnung dem ursprünglich nur zehn Monate umfassenden römischen Jahr einen elften und zwölften Monat an. Der elfte war der *Januar*, der zwölfte zu Ehren von Juno Februata der Februar. Im letzten Monat des neuen römischen Jahres wurde dann auch der Ausgleich für zum *tropischen Jahr* fehlende Tage geschaffen: Man hängte die *Schalttage* stets im Februar an. Das wurde bis heute beibehalten.

Fohlenmonat: eine alte Bezeichnung für den *März*. Sie weist darauf hin, dass in diesem Monat junge Pferde geboren werden.

Freitag: nach alter Überlieferung der Tag des Planeten Venus. Bei den Moslems der siebte Tag der Woche, an dem Gott ruhte. Bei den Germanen ist Freitag der Ehrentag von Freya oder Frigga, der Gattin von Göttervater Wotan – er galt deshalb als Glückstag. Nach christlicher Überlieferung allerdings ist er ein Unglückstag, denn an diesem Tag wurde Jesus gekreuzigt.

Fronleichnam: in der katholischen Kirche das hohe Fest der Eucharistie. Das Fest hat seine Wurzeln in einer Vision der Juliana von Lüttich, die um 1209 in einem Traum die Kirche in Gestalt einer weißen Mondscheibe sah. Ab 1264 schreibt Papst Urban das Fest für die ganze abendländische Kirche vor, seit 1294 findet es immer am zweiten Donnerstag nach *Pfingsten* und damit 61 Tage nach *Ostern* statt. Prunkvolle Prozessionen in Stadt und Land, sogar auf Seen und Flüssen zeigen jedoch die tiefe Verwurzelung in heidnischem Brauchtum an: Nach alter bäuerlicher Überlieferung machte man im Frühsommer Flurbegehungen, um böse Geister von den Feldern und Äckern zu vertreiben und so für eine gute Ernte zu sorgen.

Frühlingsvollmond: der erste Vollmond, der genau am Tag der *Tagundnachtgleiche* im Frühling oder danach erscheint. Die genaue Festlegung des Frühlingsvollmonds durch das erste *Konzil von Nicäa* brachte Probleme mit sich. Schließlich setzte der römische Abt Dionysius Exiguus auf Veranlassung von Papst Johannes I. im Jahre 525 n. Chr. die in Alexandria übliche Rechnung durch. Danach wird der Frühlingsbeginn auf den 21. März Null Uhr festgesetzt.

Fulmonet: eine alte Bezeichnung für den *September*.

Gregorianischer Kalender: der nach einer Reform von Papst Gregor XIII. im Jahre 1582 eingeführte Kalender. Im *julianischen Kalender* war das Jahr um elf Minuten und 14 Sekunden länger als das *tropische Jahr*, und dieser Unterschied summierte sich im Laufe von Jahrhunderten auf zehn Tage zu Beginn des 16. Jahrhunderts. Astronomen fiel zuerst auf, dass sich der tatsächliche Frühlingsbeginn (wenn die Sonne im Frühlingspunkt steht) von dem kalendarischen Frühlingsbeginn am 21. März entfernte. Zur Behebung dieser Schwierigkeiten wurde zunächst für den Bereich der römischen Kirche 1582 von Papst Gregor XIII. eine Kalenderreform durchgeführt. Sie bestand aus drei Teilen: 1) dem totalen Wegfall von zehn Kalendertagen – auf den 4. Oktober 1582 folgte der 15. Oktober 1582 in der neuen Zeitrechnung. Damit wurde der tatsächliche Frühlingsbeginn wieder auf den 21. März gebracht. Die Zählung der Wochentage blieb dabei unverändert. 2) der Einführung einer neuen Regelung für Schaltjahre, nach der die Schalttage alle vier Jahre zusätzlich gezählt werden, aber in den Jahren wegfallen, die durch 100, aber nicht durch 400 teilbar sind. Damit wird das Anwachsen eines Kalenderfehlers verlangsamt. Der Schalttag wird wie im julianischen Kalender am Ende des Monats Februar eingefügt. Die neue Regelung des Schalttags hat zur Folge, dass die mittlere Jahreslänge nun 365,2425 Tage beträgt; die Abweichungen gegenüber dem *tropischen Jahr* sind klein genug, um erst nach 3 333 Jahren die Einfügung eines zusätzlichen Schalttags notwendig zu machen. 3) der Änderung der Osterregel zur Anpassung an den neuen Kalender: Ostern muss zwischen dem 22. März und dem 25. April liegen. Der gregorianische Kalender ist der heute weltweit vorherrschende.

Griechischer Kalender: Im alten Griechenland wurde ein *Lunisolarjahr* mit zunächst primitiven und uneinheitlichen Regelungen der *Schaltmonate* benutzt. Ab etwa 500 v. Chr. war die so genannte Oktaeteris weit verbreitet – eine Schaltung im achtjährigen Zyklus mit fünf Gemeinjahren zu zwölf Monaten und drei Schaltjahren zu 13 Monaten. Im Jahre 432 v. Chr. fand Meton in Athen den nach ihm benannten 19-jährigen Zyklus, der allerdings davon unabhängig auch in anderen Kulturen entwickelt wurde. (Siehe *Metonischer Zyklus*.)

Großes Horn: eine alte Bezeichnung für den *Januar*.

Gründonnerstag: der Donnerstag in der Karwoche vor *Ostern*. Am Abend vor dem Todestag Jesu (dem *Karfreitag*) erinnert sich die Christenheit des so genannten Abendmahles. Der Name hat jedoch mit der Farbe Grün nichts zu tun, sondern leitet sich von »greinen« (althochdeutsch für »weinen«) ab. Gleichwohl hat das sprachliche Missverständnis wohl dazu beigetragen, dass traditionell in vielen christlichen Familien an diesem Tag grünes Gemüse gegessen wird.

Der *Karfreitag* beginnt eigentlich schon am Abend zuvor. Dahinter steht die jüdisch-christliche Tradition, dass ein Tag nicht um null Uhr, sondern mit dem Sonnenuntergang am Vorabend beginnt und bis zum Sonnenuntergang am Tag selbst dauert.

Halloween: auch Samhain (keltisch); einer der *heidnischen heiligen Tage*, und zwar speziell die Nacht vor dem 1. November. Zum Zeitpunkt der genauen Mitte zwischen der herbstlichen *Tagundnachtgleiche* und *Wintersonnenwende* wurde eines der großen Feuerfeste der keltischen Druiden gefeiert – das neue Erdenjahr begann. Die Druiden entzündeten auf ihren Altären große Feuer, während alle anderen Flammen gelöscht werden mussten. Gegen eine Opfergabe holte man sich dann ein neues Feuer in den heimischen Herd.

Bei den Hexen fand zu Halloween der letzte große Sabbat statt: Sie feierten das Neujahrsfest. In dieser Nacht konnten sie die Zukunft erkennen und mit den Geistern der Toten sprechen. Halloween gilt als besonders sinnenfrohes Fest – gerade recht zu einer Zeit, in der die dunklen Tage beginnen.

Hartmonat: eine alte Bezeichnung für den *November*, denn die Erde war manchmal jetzt schon hart gefroren.

Hartung: eine alte Bezeichnung für den *Januar*.

Heidnische heilige Tage: Tage (oder oft auch Nächte) im Jahreslauf, die nach alter Überlieferung als heilig galten. Die *christlichen Feiertage* sind oft an diese heiligen heidnischen Tage gebunden – man feiert sie allerdings meist zeitversetzt. Bedeutende heidnische Feiertage sind das *Julfest* zur *Wintersonnenwende* vom 20. bis 23. Dezember,

Candlemas oder *Lichtmess* in der Nacht vom 1. auf den 2. Februar, das *Ostara-Ritual* zur *Tagundnachtgleiche* im Frühling vom 20. bis 23. März, *Beltane* – das Maifest in der Walpurgisnacht am 30. April, Litha (oder Grian-Stad) – die *Sommersonnenwende* vom 20. bis 23. Juni, *Lammas* (auch Lugnasad) – das Schnitterfest in der Nacht des 1. August, *Mabon* – die Tagundnachtgleiche vom 20. bis 23. September, Samhain oder *Halloween* von 31. Oktober auf den 1. November. An diesem Tag feiern die Hexen Neujahr.

Heliakischer Aufgang: der erste in der Morgendämmerung sichtbare Aufgang eines Sternes.

Herbst: eine alte Bezeichnung für den *September*.

Herbstmonat: eine alte Bezeichnung für den *Oktober*.

Heumond: eine alte Bezeichnung für den *Juli*. Sie stammt noch aus dem frühen Mittelalter, der Zeit vor dem *gregorianischen Kalender*. Die Ernte wurde vor der Kalenderumstellung zeitlich früher eingefahren, denn der Sommer war im Juli auf dem Höhepunkt.

Hexensabbat: zu den *heidnischen heiligen Tagen* gehörende Festtage, die nach alter Überlieferung von Hexen gefeiert wurden. Oft fanden die Hexensabbate in Vollmondnächten statt. Dann ist die Kraft des Mondes am größten und sie läßt sich am besten auf den Menschen übertragen.

Hornung: eine alte Bezeichnung für den *Februar*.

Hundsmonat: alte Bezeichnung für den *Juni*. Sie bezieht sich wahrscheinlich auf die Hundsrose: So nannte man die Heckenrosen, die im Juni ihre Blüten zeigen. Der Juni wird auch als *Rosenmond* bezeichnet.

Hundstage: die Zeitspanne zwischen 23. Juli und 23. August. Sie hat ihren Namen nicht von der in dieser Zeit oft herrschenden großen Hitze, sondern von einem Stern: Sirius, der auch Hundsstern genannt wird, ist jetzt am Firmament sichtbar.

Hungermond: eine alte Bezeichnung für den *Februar*. Der Begriff weist darauf hin, dass in dieser Zeit oftmals wegen schlechter Ernten im vorangegangenen Jahr weniger Vorräte eingelagert werden konnten und deshalb Hunger herrschte.

Imbolc: keltischer Begriff für die Initiation der Hexen zu *Candlemas*.

Islamischer Kalender: in allen Staaten der islamischen Welt gültiges Zeitmaß. Er entstand nach dem zweiten Kalifen Umar im Jahr 638. Zeitlicher Ausgangspunkt ist die Emigration des Propheten Mohammed von Mekka nach Medina im Jahr 622, genauer: der Sonnenuntergang am Donnerstag, dem 15. Juli 622. Dieses Jahr ist das Jahr null. Basis des Kalenders ist das so genannte *Mondjahr*, das etwa elf Tage kürzer ist als das *Sonnenjahr* nach unserem *gregorianischen Kalender*. Aus diesem Grund verschiebt sich jedes Jahr das islamische Neujahrsfest auf ein früheres gregorianisches Datum und damit zum Beispiel auch der Fastenmonat Ramadan. Nach 33 Mondjahren fällt der Jahresbeginn beider Kalendarien wieder auf den gleichen Tag. Allerdings sind erst 32 Sonnenjahre vergangen. Unser Jahr 2000 entspricht dem islamischen Jahr 1421.

Jahreszählung, astronomische: im Gegensatz zur *heutigen Jahreszählung* eine Zählweise, die sehr wohl ein Jahr null kennt. Zur Unterscheidung verzichtet die astronomische Jahreszählung auf die Zusätze n. Chr. und v. Chr. und verwendet stattdessen ein Vorzeichen vor der Jahreszahl. Das astronomische Jahr +1 entspricht dann dem Jahr 1 n. Chr., das Jahr null entspricht 1 v. Chr., und –1 ist das Jahr 2 v. Chr. Das erste Jahrhundert der christlichen Zeitrechnung begann am 1. Januar des Jahres 1 n. Chr. und endete genau hundert Jahre später am 31. Dezember 100 n. Chr., das zweite Jahrhundert begann deshalb am 1. Januar 101 n. Chr. Entsprechendes gilt für die Jahrtausende. Demzufolge beginnt das dritte Jahrtausend nicht – wie häufig angenommen – am 1. Januar 2000, sondern erst am 1. Januar 2001.

Jahreszählung, heutige: Der Bezug unserer heutigen Jahreszählung auf das Jahr von Christi Geburt geht auf den römischen Abt Dionysius Exiguus zurück, der sich im Jahre 525 um die Erstellung von Tafeln zur Berechnung des Osterfests bemühte. In der neuen Jahreszählung ging dem Jahr 1 n. Chr. das Jahr 1 v. Chr. voraus, ein Jahr null existiert in diesem System nicht, denn Christus konnte nicht in einem unbenannten Jahr geboren sein. Im Gegensatz dazu steht die *astronomische Jahreszählung*.

Januar: Der Monatsname geht auf den römischen Pförtnergott Janus zurück. Noch heute bedeutet das Wort janitor im Englischen Pförtner oder Hausmeister. Janus hat zwei Gesichter – wie zwei Seiten einer Münze: Eines blickt in die Vergangenheit, das andere in die Zukunft. Dem König Numa Pompilius (715–652 vor unserer Zeitrechnung) haben wir es zu verdanken, dass das alte römische zehnmonatige Jahr um zwei Monate ergänzt wurde. Janus wurde mit dem einen geehrt (im römischen Jahr der elfte). Und als zwölften Monat fügte Numa Pompilius den *Februar* ein.

Jüdischer Kalender: entstand um 350 n. Chr. Er errechnet sich aus der Nebeneinanderstellung von Sonnen- und Mondjahren. Alle 19 Jahre kennt man ein *Schaltjahr*, in dem ein ganzer Monat mehr eingefügt wird. Die Zeitrechnung beginnt nach der religiösen Tradition mit der

Erschaffung der Welt im Jahre 3760 v. Chr. – das Jahr 2000 entspricht also dem jüdischen Jahr 5760. Das hebräische Neujahr wird im Jahr 2000 am 11./12. September gefeiert.

Jüdisches Neujahr: hebräisch Rosch Ha-Schana, wird nach dem *Jüdischen Kalender* in der Zeit zwischen dem 6. September und dem 4. Oktober des Sonnenjahres gefeiert.

Julfest: einer der *heidnischen heiligen Tage* zur Zeit der *Wintersonnenwende*. Der Begriff Jul kommt aus dem Skandinavischen und bezeichnet das Sonnenwendfest, die Jahreszeit der Wiedergeburt der Sonne.

Juli: Der Monatsname bezieht sich auf den Vornamen Julius. Im Jahre 44 vor unserer Zeitrechnung beantragte Mark Anton die Umbenennung des fünften Monats des römischen Jahres: Cäsar zu Ehren heißt Quintilis (von lateinisch: quintus – der Fünfte) seither Iulius. Man setzte Cäsar damit ein Denkmal für seine Kalenderreform im Jahre 46 v. Chr., die der Zeitrechnung erstmals das Sonnenjahr zugrunde legte.

Julianischer Kalender: wurde nach Julius Cäsar benannt und benutzt ein Sonnenjahr mit zunächst 365 ganzen Tagen. Um der Tatsache Rechnung zu tragen, dass das *tropische Jahr* um etwa $^1/_4$ Tag länger ist als 365 Tage, wird alle vier Jahre am Ende des Monats *Februar* ein *Schalttag* eingefügt. Diese einfache Regel war bereits im späten Ägypten bekannt – und der alexandrinische Gelehrte Sosigenes beriet Julius Cäsar bei der Einführung dieser Kalenderrechnung im Jahre 46 v. Chr. Zunächst musste Cäsar ein außergewöhnliches *Schaltjahr* mit 445 Tagen Länge für 46 v. Chr. schaffen, um die Fehler des alten römischen Kalenders auszugleichen. Das folgende Jahr 45 v. Chr. war dann ein gewöhnliches Schaltjahr mit 366 Tagen. Nach

Cäsars Tod wurde die von ihm angeordnete neue Regelung für Schaltjahre oft fehlerhaft angewandt – es wurden zu viele Schalttage eingefügt. Diese Praxis konnte unter der Herrschaft von Kaiser Augustus wieder korrigiert werden. Streng gilt der julianische Kalender erst seit dem Jahr 8 n. Chr. Für die Jahre davor sind Datierungen ungenau, sie können um jeweils ein paar Tage falsch liegen, weil die Häufigkeit der Schaltjahre nicht genau bekannt ist.

Julmond: eine alte Bezeichnung aus germanischer Zeit für den *Dezember*. Das *Julfest* ist die Feier zur *Wintersonnenwende*, die man überall in Europa festlich gestaltete.

Juni: Der Monatsname stammt von der römischen Göttin Juno, der Schutzherrin für Ehe und Familie. Deshalb ist dieser Monat in manchen Ländern heute noch der traditionelle Zeitraum für Eheschließungen. Eines ihrer Symbole war die dreiblättrige Lilie – das Symbol der Jungfrauengeburt, das die christliche Kirche später für die Jungfrau Maria übernahm. Denn Juno wurde auch als jungfräuliche Göttin verehrt. Ursprünglich war Iunius der vierte Monat des römischen Kalenders.

Kalenden: wurden im Latinum, dem Vorläufer des römischen Weltreiches, die Wochen des *Neumondes* genannt, später der erste Tag eines jeden Monats.

Karfreitag: der Freitag in der *Karwoche*, der Woche vor *Ostern*. Es ist der Überlieferung nach der Todestag Jesu. Man nennt den Karfreitag regional auch den »stillen Freitag«. »Kar« ist abgeleitet vom althochdeutschen »Kara« und bedeutet Kummer, Klage. Das Datum des Karfreitags richtet sich – da es mit *Ostern* zusammenhängt – nach dem Stand des Mondes.

Karwoche: die Woche vor dem Osterfest ab Palmsonntag.

Keimmond: eine alte Bezeichnung für den *April*, denn jetzt keimt die Saat, die der Bauer im *März* ausgebracht hat.

Kleines Horn: eine alte Bezeichnung für den *Februar*, im Gegensatz zum *Januar*, der »Großes Horn« hieß.

Koch- oder Hitzemonat: eine alte Bezeichnung für den *August*.

Konzil von Nicäa: fand im Jahre 325 n. Chr. statt und legte das Datum für das christliche Fest *Ostern* fest. Es bestimmt sich nach dem Stand des Mondes.

Lammas, auch Lammas Eve (altenglisch: »loaf mass« = »Laibmesse«): das keltische Brotfest, das all jenen gewidmet ist, die als Bauern tätig sind. Mit dem Brotfest begannen die Feierlichkeiten für die Getreidemutter Lammas. Diese erste Nacht des Monats *August* zählte man später zu den großen Hexensabbaten und damit zu den *heidnischen heiligen Tagen*. Lammas geht auf ein altes keltisches Schnitterfest zurück. Schon Cäsar übrigens wußte, dass die Kelten die Zeit nicht nach Tagen, sondern nach Nächten maßen.

Lasstage, auch »gute Lasstage«: all jene Tage, die günstig für Aderlass und Schröpfen waren. Das sind vor allem *Karfreitag*, Blasiustag (3. Februar), Valentinstag (14. Februar), Philipp-Jakobi-Tag (1. Mai), Bartholomä-Tag (24. August), Martinstag (11. November) und Stephanstag (26. Dezember).

Lenzing oder Lenzmond: eine alte Bezeichnung für den *März*.

Lichtmess: wird am 2. Februar gefeiert und geht auf einen der *heidnischen heiligen Tage* zurück: auf *Candlemas*. In der katholischen Kirche heißt das Fest Maria Lichtmess und ist mit einer Kerzenprozession verbunden. Diese geht auf eine alte heidnische Sühneprozession in Rom zurück, die alle fünf Jahre Anfang Februar rund um die Stadt führte.

Mit Lichtmess wechselten früher Mägde und Knechte auf dem Lande ihren Dienstherrn. Der Lohn fürs ganze Jahr wurde ausbezahlt und neuer Lohn ausgehandelt.

Litha: siehe *Sommersonnenwende*.

Losnächte: bestimmte Nächte im Jahr, in denen man nach altem Glauben die Zukunft vorhersehen kann. Die Bezeichnung kommt vom althochdeutschen Wort »lozen« für wahrsagen. Als Losnächte gelten die Nacht zum 30. *November*, die Nächte vor dem 25. *Dezember*, dem 1. und dem 6. *Januar*. Früher gab es viele Rituale, die man in diesen Losnächten abhielt. Heute kennen wir noch das Bleigießen in der Silvesternacht.

Lostage: bestimmte »Merktage«, an denen man Regeln für das Wetter festmacht. Man verband die Lostage, die auch Lurtage (von luren = lauern) genannt wurden, meist in Reimform mit dem Namenstag des entsprechenden Heiligen: Das machte es leichter, sich die Wetterregeln zu merken. Nach der Einführung des *gregorianischen Kalenders* blieben alle Lostage zwar kalendarisch erhalten, beziehen sich jedoch auf Daten, die ursprünglich elf Tage früher galten. Lostage kennt man in jedem Monat, und man richtet sich mit der Arbeit in Feld und Garten danach. Nach altem Brauch gibt es folgende »große« Lostage:

Lostage im Jahreslauf

01. Januar: Neujahr	27. Juni: Siebenschläfertag
06. Januar: Dreikönigstag	25. Juli: Sankt Jakobus
02. Februar: Mariä Lichtmess	15. August: Mariä Himmelfahrt
22. Februar: Petri Stuhlfeier	24. August: Bartholomäustag
24. Februar: Sankt Matthias	21. September: Sankt Matthäus

25. März: Mariä Verkündigung	29. September: Sankt Michael
25. April: Sankt Markus	11. November: Sankt Martin
03. Mai: Philipp-Jakobi	06. Dezember: Sankt Nikolaus
24. Juni: Johannistag	die Tage zwischen Weihnachten und 6. Januar

Lunisolarjahr, auch gebundenes *Mondjahr*: So nennt man den Versuch, Mondlauf und Jahreszeiten in Einklang zu bringen – durch das zusätzliche Einfügen von *Schaltmonaten*. Hierfür gibt es in der Geschichte verschiedene Lösungsversuche. Das beste Schema wurde vom Griechen Meton 432 v. Chr. gefunden (siehe *metonischer Zyklus*), war aber vorher auch anderen Kulturen bekannt.

Mabon: die *Tagundnachtgleiche des Herbstes*.

Mai: Der Monatsname stammt von der jungfräulichen Frühlingsgöttin Maya, die in Nordeuropa als Maj verehrt wurde. Bis ins 16. Jahrhundert hinein feierte man sie in ganz Europa mit frischem Grün – als Zeichen der Fruchtbarkeit. Die Göttin sollte den Menschen Glück und Liebe bringen. Der Mai galt als Liebes- und Wonnemonat, denn zu Ehren der Frühlingsgöttin waren alle Ehebande für ein paar Tage außer Kraft gesetzt. Die Kirche hat den Mai später zum »Marienmonat« gemacht – sicher auch, um die alten Bräuche vergessen zu machen.

Martinstag: wird am 10./11. November gefeiert und ist der Namenstag des heiligen Martin. Die Tradition, an diesem Tag eine Gans zu verzehren, geht jedoch auf heidnische Zeiten zurück: Die Gans war sehr beliebt – nicht nur die Römer, auch die Kelten hielten sie als »Wachhund«: Bei drohender Gefahr begann sie nämlich laut zu schnattern. Die Gans galt außerdem als sehr wetterfühlig und konnte

Unwetter frühzeitig anzeigen. Ab *November* jedoch, wenn keine Gewitter mehr zu erwarten waren, wurden die ausgewachsenen Gänse geschlachtet. Das hat sich im Martinsgansessen erhalten.

März: Der Monatsname geht auf den römischen Kriegsgott Mars zurück. Im *julianischen Kalender* war der März – »Martius« – der erste Monat des Jahres, man feierte um den 25. März den Neujahrstag. Später wurde zwar der Januar zum ersten Monat im Jahr, doch gab es keinen offiziellen *Neujahrstag*. Den legte erst Papst Innozenz XII. im Jahre 1691 auf den 01. Januar.

Menologion: das »Wissen vom Mond«, nach dem die Heiligentage des Mittelalters festgesetzt wurden. Die wichtigsten Feiertage im Kirchenjahr richten sich heute noch nach dem Mond aus: zum Beispiel *Ostern* und *Pfingsten*.

Metonischer Zyklus: nach dem Griechen Meton, der 432 v. Chr. ein Kalenderschema für das *Lunisolarjahr* erfand, benannter Zyklus. Er umfasst insgesamt 19 Jahre, also 235 Monate. Davon sind 125 Monate »voll« (das heißt, sie haben 30 Tage) und 110 Monate sind »hohl« (mit je 29 Tagen). Die Monate wurden zu zwölf gewöhnlichen Jahren mit je zwölf Monaten und sieben Schaltjahren mit je 13 Monaten zusammengefasst. Der Zyklus enthielt somit 6940 Tage, während 235 *synodische Monate* 6939,688 Tage dauern. Der Unterschied zwischen Sonnenlauf und Kalender während eines metonischen Zyklus beträgt also nur 0,312 Tage.

Mittsommerabend: verschmolz mit dem christlichen Johannistag am 22. Juni. Der Brauch, zur *Sommersonnenwende* ein Fest zu feiern, stammt noch aus keltischer Zeit: Damals hieß dieser *heidnische heilige Tag* auch Litha.

Mittwoch: nach alter Überlieferung der Tag des Planeten

Merkur. Der Mittwoch gilt als böser Tag – allein schon deshalb, weil er nach bäuerlichem Glauben kein richtiger Wochentag war, sondern lediglich die Mitte der Woche darstellte. In germanischer Zeit nannte man ihn auch Wotanstag und verband ihn mit schlimmem Wetter.

Mondjahr: besteht in der Regel aus zwölf *synodischen Monaten*. Weil aus praktischen Gründen ein Monat eine Anzahl von ganzen Tagen und keine halben enthalten sollte, wurde im Mondkalender meist zwischen Monaten mit 29 und 30 Tagen abgewechselt. Ein Jahr aus je sechs dieser Monate enthält 354 Tage, ist also um 0,3672 Tage zu kurz gegenüber dem wirklichen Mondjahr. Zudem besteht eine Differenz zum Sonnenjahr und dem Ablauf der Jahreszeiten.

Mondkalender: eine Zeitmessung, die sich allein am Lauf des Mondes ausrichtet. Mondkalender müssen etwa alle drei Jahre einen Schalttag hinzufügen, um mit den Mondphasen im Takt zu bleiben. Ein Gleichlauf mit den Jahreszeiten wird bei einem reinen Mondkalender nicht angestrebt.

Mondphasen: die vier Quartale, die der Mond in seinem monatlichen Lauf durchschreitet. Die erste Phase ist von *Neumond* bis zunehmendem Halbmond, die zweite von Halb- bis *Vollmond*, die Dritte von Voll- bis abnehmendem Halbmond, die Vierte von Halb- bis Neumond.

Mondzyklus: Die vier *Mondphasen* bezeichnet man auch als Zyklus.

Montag: nach alter Überlieferung der Tag des Mondes. Der Montag gilt als Tag des Faulenzens (in manchen Regionen sogar des Diebstahls). Daher kommt vermutlich unser »blauer Montag«, an dem man nicht arbeitet.

Muttertag: Schon vor Jahrhunderten war es in England Brauch, am mittleren Sonntag der Fastenzeit die Mutter zu besuchen: Man schenkte ihr einen Laib Brot und trank eine Schale Biersuppe mit ihr. Vermutlich geht dieser Feiertag auf die Erdmutter Ceres zurück. Heute wird der Muttertag stets am ersten Sonntag im Mai gefeiert – außer, der 1. Mai fällt auf einen Sonntag. Dann wird der Muttertag um eine Woche nach hinten verschoben.

Narrentag: der 1. April. Der alte Brauch, jemanden am 1. April auf den Arm zu nehmen, ihn also »in den April zu schicken«, ist schon in Schriften aus dem Jahre 1631 erwähnt. Vielleicht kommt dieser Brauch daher, dass das Wetter im April verrückt spielt: Innerhalb weniger Stunden wechseln Regen, Sonne und sogar Schnee miteinander ab. Die Menschen taten es der Natur nach.

Nebelmond: eine alte Bezeichnung für den *November*.

Nebelung, auch Nebeling**:** eine alte Bezeichnung für den *November*.

Neujahrstag: Der 1. Januar wurde erst 1691 von Papst Innozenz XII. als Beginn des Jahres festgelegt. Auch Cäsar kannte in seinem *julianischen Kalender* diesen Jahresbeginn nicht. Bei den Römern begann das Jahr, wie auch der Jahreszeitenzyklus, im *März*.

Neumond: Der Mond ist unsichtbar, wenn Sonne und Mond in der gleichen Position am Himmel stehen. Der Mond geht zum Sonnenaufgang auf und auch mit der Sonne unter. Mit dieser Phase beginnt der Mond seinen Zyklus aufs Neue. Es ist daher seit alters her eine gute Zeit für alle Neuanfänge. Der folgenden Tabelle können Sie entnehmen, an welchen Tagen in den Jahren 2000–2010 Neumond herrscht:

Neumond von 2000 bis 2010

Neumond 2000	Neumond 2001	Neumond 2002
06. 01.	24. 01.	13. 01.
05. 02.	23. 02.	12. 02.
06. 03.	25. 03.	14. 03.
04. 04.	23. 04.	12. 04.
04. 05.	23. 05.	12. 05.
02. 06.	21. 06.	11. 06.
01. 07.	20. 07.	10. 07.
31. 07.	19. 08.	08. 08.
29. 08.	17. 09.	07. 09.
27. 09.	16. 10.	06. 10.
27. 10.	15. 11.	04. 11.
26. 11.	14. 12.	04. 12.
25. 12.		
Neumond 2003	**Neumond 2004**	**Neumond 2005**
02. 01.	21. 01.	10. 01.
01. 02.	20. 02.	08. 02.
03. 03.	20. 03.	10. 03.
01. 04.	19. 04.	08. 04.
01. 05.	19. 05.	08. 05.
31. 05.	17. 06.	06. 06.
29. 06.	17. 07.	06. 07.
29. 07.	16. 08.	05. 08.
27. 08.	14. 09.	03. 09.
26. 09.	14. 10.	03. 10.
25. 10.	12. 11.	02. 11.
24. 11.	12. 12.	01. 12.
23. 12.		31. 12.

Neumond 2006	Neumond 2007	Neumond 2008
29. 01.	19. 01.	08. 01.
28. 02.	17. 02.	07. 02.
29. 03.	19. 03.	07. 03.
27. 04.	17. 04.	06. 04.
27. 05.	16. 05.	05. 05.
25. 06.	15. 06.	03. 06.
25. 07.	14. 07.	03. 07.
23. 08.	13. 08.	01. 08.
22. 09.	11. 09.	30. 08.
22. 10.	11. 10.	29. 09.
20. 11.	09. 11.	28. 10.
20. 12.	09. 12.	27. 11.
		27. 12.
Neumond 2009	**Neumond 2010**	
26. 01.	15. 01.	
25. 02.	14. 02.	
26. 03.	15. 03.	
25. 04.	14. 04.	
24. 05.	14. 05.	
22. 06.	12. 06.	
22. 07.	11. 07.	
20. 08.	10. 08.	
18. 09.	08. 09.	
18. 10.	07. 10.	
16. 11.	06. 11.	
16. 12.	05. 12.	

Nilkalender: siehe *ägyptischer Kalender*.

November: Der Monatsname kommt von der lateinischen Zahl »novem« (für neun). Nach dem alten römischen Kalender war er der neunte Monat im Jahr.

Oktober: Der Monatsname kommt vom lateinischen »octo«und bezeichnet den achten Monat im Kalenderjahr des alten Rom. Das Jahr begann damals mit dem Frühling im *März*.

Ostara-Ritual: ein aus dem alten Rom stammendes Fest, das zu den *heidnischen heiligen Tagen* zählte und an der *Tagundnachtgleiche im Frühjahr* – also um den 20. März herum – gefeiert wurde. Gleichzeitig gilt das Ostara-Ritual als ein *Hexensabbat*.

Osterdatum: Das christliche Osterfest zur Auferstehung des Herrn wurde aus dem jüdischen Passahfest abgeleitet, das am ersten *Frühlingsvollmond* beginnt. Dieser Tag kann auf einen beliebigen Wochentag fallen, das christliche *Ostern* wird dagegen stets an einem *Sonntag* gefeiert. Ursprünglich wurde die Festlegung des Ostertermins in den verschiedenen christlichen Gemeinden sehr uneinheitlich gehandhabt. Erst beim *Konzil von Nicäa* im Jahre 325 n. Chr. einigte man sich auf die Formel, dass Ostern auf den Sonntag nach dem ersten Frühlingsvollmond fällt. Allerdings fügte der *gregorianische Kalender* eine zusätzliche Beschränkung im Datum ein: Danach muss Ostern zwischen dem 22. März und dem 25. April liegen. Deshalb verschiebt sich das gefeierte Osterdatum manchmal gegenüber dem astronomisch korrekt berechneten Tag. Diese Verschiebung nennt man *Osterparadoxie*. Heute erfolgt die Berechnung des Osterdatums mit Hilfe der kirchlichen Ostertafeln. Das sind Tabellenwerke, die eigens zu diesem Zwecke angelegt wurden. Dennoch existieren Unterschiede zwischen verschiedenen christlichen Kirchen über die Festlegung des Osterfestes. Die Ostkirchen beispielsweise halten am Frühlingsbeginn des julianischen Kalenders, dem 21. März, fest und berechnen den astronomischen Vollmond für den Meridian von Jerusalem. Sie beachten die gregorianischen Festlegungen nicht: Ostern 2000 feiert man in der orthodoxen Kirche am 30. April, bei uns am 23. April.

Ostermond: eine alte Bezeichnung für den *April*.

Ostern: das christliche Fest der Auferstehung, das auch heute noch nach dem Mond ausgerichtet wird. Ostern stammt wohl unter anderem vom römischen *Ostara-Ritual* her. Auch der 30. März, das germanische Fest der Eostara, ist eine Grundlage für unser heutiges Osterfest. Die germanische Göttin der Wiedergeburt steht für den Frühling und die Neubelebung der Natur. Ihre Symbole für Fruchtbarkeit sind neben dem Hasen bunte Eier. Das christliche Fest ist also stark von früheren Kulten beeinflusst. Im *Konzil von Nicäa* wurde 325 n. Chr. festgelegt, wann wir Ostern feiern: immer an dem Sonntag, der dem ersten *Frühlingsvollmond* folgt. Genauere Einschränkungen gab es nach der Kalenderreform Papst Gregors XIII: *Ostern* darf danach niemals vor dem 22. März und nicht nach dem 25. April stattfinden. Auch andere Feiertage unseres kirchlichen Jahres hängen von Ostern ab: Der *Karfreitag* ist stets der Freitag vor Ostern; *Christi Himmelfahrt* findet 40 Tage nach Ostern statt, *Pfingsten* 50 Tage nach Ostern und *Fronleichnam* 61 Tage nach Ostern.

Osterparadoxie: die Verschiebung des Osterfestes wegen der fehlenden Übereinstimmung von astronomischem und *gregorianischem Kalender*. Die letzte Osterparadoxie gab es im Jahr 1974: Ostern war am 14. April statt am 7. April;

die letzte fand im Jahr 2000 statt – am 23. April statt 26. März.

Pfingsten: im jüdischen Festtagskalender ein Erntedankfest, in christlichem Zusammenhang das Fest vom Herabkommen des Heiligen Geistes auf die Jünger Jesu. Auch Pfingsten hängt mit dem Mondkalender zusammen, denn es wird traditionell 50 Tage (Pentecoste, das heißt 50-tägige Festzeit) nach *Ostern* gefeiert, frühestens übrigens am 10. Mai. Normalerweise fällt das Datum dieses Kirchenfestes in die zweite Maihälfte. Sehr spät feiert man Pfingsten übrigens im Jahre 2000: Der Pfingstsonntag ist erst der 11. Juni.

Quatember: der Tag, an dem ein neues Mondquartal beginnt.

Raunächte: die Zeit zwischen Heiligabend und dem Dreikönigstag am 6. Januar. In den meisten deutschen Landschaften bilden die zwölf geweihten Nächte, auch »Zwischen den Jahren« oder einfach »die Zwölften« genannt, eine geschlossene Festzeit. Jetzt vereinten sich nach altem Glauben die himmlischen und die irdischen Mächte. Deshalb musste jede Tätigkeit ruhen: Es durfte kein Recht gesprochen, kein Wasser aus dem Brunnen geholt und keine Kuh gemolken werden.

Rosenmond: eine alte Bezeichnung für den *Juni*. Jetzt steht die »Königin der Blumen« in voller Blüte, die dicken Pfingstrosen (auch: Hundsrosen) duften im Garten.

Sabbat: bei den Juden der heilige siebte Tag, der von Freitagabend bis Samstagabend dauert. Nach Moses' Schöpfungsgeschichte ruhte Gott an diesem Tag von der Erschaffung der Welt aus.

Samhain: siehe *Halloween*.

Samstag, auch Sonnabend: nach alter Überlieferung der Tag des Planeten Saturn; bei den Juden auch der *Sabbat*. Sonnabend oder Samstag gilt als ein Tag, an dem man sich nicht überanstrengen soll. Denn in heidnischen Zeiten huldigte man samstags den alten Göttern.

Saumonat: eine alte Bezeichnung für den *September*, in dem die Wildschweinjagd begann.

Schaltjahr: ein Jahr, in dem man zusätzliche Tage oder sogar Monate einfügt, um vorherrschenden Kalender und *tropisches Jahr* auszugleichen. Bei uns gibt es alle vier Jahre ein Schaltjahr – wir fügen dann jeweils im Februar einen Tag ein. Schaltjahre fallen nur dann aus, wenn ein Jahrhundert vollendet wird – und dies auch dann nicht, wenn die neue Jahreszahl durch 400 teilbar ist. Das Jahr 2000 ist also ein Schaltjahr mit einem 29. Februar, weil die Zahl 2000 durch 400 teilbar ist. Im Jahre 1900 dagegen gab es keinen zusätzlichen Tag im Februar. Im *jüdischen Kalender* kennt man alle 19 Jahre ein Schaltjahr, in dem ein ganzer Monat mehr eingefügt ist.

Schaltmonat: wurde im alten griechischen, im *jüdischen* und im chinesischen Kalender eingefügt, um den Ausgleich zwischen Mond- und Sonnenjahr zu schaffen.

Schalttag: zum Ausgleich eingefügter Tag, der das Kalenderjahr dem tatsächlichen *tropischen Jahr* angleicht. Bei uns wird nach dem *gregorianischen Kalender* alle vier Jahre im *Februar* ein Tag angehängt. Jedes vierte Jahr wird damit zum *Schaltjahr*.

Scheiding: eine alte Bezeichnung für den *September*.

Schlachtmonat: auch Schmermonat; eine alte Bezeichnung für den *November*, in dem das Vieh geschlachtet wurde.

Schweinemonat: eine alte Bezeichnung für den *Dezember*. Die im November gemästeten Schweine wurden im Dezember geschlachtet.

Schneemond: auch Eis- oder Wintermond; eine alte Bezeichnung für den *Januar*.

Schnittmonat: eine alte Bezeichnung für den *August*, in dem das Getreide geerntet, geschnitten wurde.

Schwendtage: auch verworfene Tage; in heidnischer Zeit, noch bei den alten Römern (»dies aries«) bestimmte Tage im Monat, an denen man nichts Neues beginnen sollte. Verworfene Tage gibt es – außer im Dezember – in jedem Monat des Jahres.

Schwendtage

Monat	Schwendtage
Januar	02., 03., 04. und 18.
Februar	03., 06., 08. und 16.
März	13., 14., 15. und 29.
April	19.
Mai	03., 10., 22. und 25.
Juni	17. und 30.
Juli	19., 22. und 28.
August	01., 17., 21., 22. und 29.
September	21., 22., 23., 24., 25., 26., 27. und 28.
Oktober	03., 06. und 11.
November	12.
Dezember	keine Schwendtage

September: Der Monatsname stammt aus dem römischen Kalender. Da dessen Jahresbeginn im März lag, ist September der siebte Monat: »Septem« heißt auf Lateinisch

Sieben. Nach der Kalenderreform durch Julius Cäsar (siehe: *Julianischer Kalender)* wurde der September zum neunten Monat, behielt jedoch seinen Namen bei.

Siderisches Jahr: die Zeit, die die Erde für einen Umlauf um die Sonne benötigt, bezogen auf einen Fixstern. Es dauert 365,256366 Tage.

Sieben: heilige Zahl bei vielen Völkern der Erde. Gott erschuf die Welt in sieben Tagen; unsere Woche hat heute noch sieben Tage. Das hängt mit dem alten Mondkalender aus heidnischer Zeit zusammen: Der siebte Tag jeder der vier *Mondphasen* war tabu, weil der göttliche Mond jetzt seine Gestalt wechselte.

Sirius: der Hundsstern, nach dem die *Hundstage* benannt sind.

Sommermond: eine alte Bezeichnung für den *Juni*.

Sommersonnenwende: wird am 21. Juni gefeiert. Es ist Sommeranfang, der Kulminationspunkt der Sonne ist der höchste des Jahres. Früher galten die Tage zwischen 20. und 23. Juni als *heidnische heilige Tage* und *Hexensabbat*. Die Göttin Litha wurde verehrt, sie stand für Überfluss und Fruchtbarkeit, für Macht und Ordnung. In der Johannisnacht (nach dem heiligen Johannes, der am 22. Juni Namenstag feiert) wurden früher Sonnwendfeuer entzündet. Sie sollten die Segenskraft der Sonne noch mehr steigern.

Sommerzeit: die Vorverlegung der *Zonenzeit* um eine Stunde. Bei uns gilt die Sommerzeit wieder seit 1979; sie beginnt jeweils Ende März und endet Ende Oktober.

Sonnabend: siehe *Samstag*.

Sonnenjahr: siehe *tropisches Jahr*.

Sonntag: nach alter Überlieferung der Tag der Sonne; der siebte Tag der Woche, an dem – nach christlicher Überlieferung – Gott nach der Erschaffung der Welt ruhte. Der Sonntag ist nach christlichem Glauben der Tag des Herrn und gilt allgemein als Glückstag, als heller und freundlicher Tag.

Synodischer Monat: die Zeitspanne von *Neumond* zu Neumond. Sie dauert 29,5306 Tage.

Tagundnachtgleiche des Frühlings: ist heute auf den 21. März festgelegt. Tag und Nacht sind exakt gleich lang, danach werden die Tage länger und die Nächte kürzer. Dieser Tag – auch *Ostara* genannt – ist ein hoher Feiertag für Hexen und gilt damit als *heidnischer heiliger Tag*. Es gab ihn zumindest schon in römischer Zeit, denn zwischen dem 20. und dem 23. März wurde im alten Rom (nach *Lichtmess* am 2. Februar) das zweite große Fruchtbarkeitsfest des Frühlings gefeiert. Der Termin für *Ostern* wird übrigens noch heute nach der Tagundnachtgleiche des Frühlings, also dem Frühlingsanfang, bestimmt: Man feiert das Osterfest jeweils an dem Sonntag, der dem ersten *Frühlingsvollmond* folgt, daher niemals vor dem 22. März.

Tagundnachtgleiche des Herbstes: ist heute auf den 23. September festgelegt. Von heute an werden die Tage deutlich kürzer und die Nächte länger. Bei den Kelten wird die herbstliche Tagundnachtgleiche *Mabon* genannt und gilt als *heidnischer heiliger Tag*.

Taumond: auch Schmelzmond; eine alte Bezeichnung für den *Februar*, denn oft war im Februar schon mit Tauwetter zu rechnen.

Tropisches Jahr: auch Sonnenjahr; die Zeit, die die Erde für einen Umlauf um die Sonne benötigt, bezogen auf den Frühlingspunkt, also die Sonne-Erde-Konstellation zum Frühlingsanfang. Ein tropisches Jahr dauert 365,242199 Tage. Der Name nimmt Bezug auf den Wechsel der Jahreszeiten (von griechisch: »tropai«, »die Kehren«), der in einem Sonnenjahr zeitlich fest bleibt. Deshalb ist das tropische Jahr für das Kalenderwesen von großer Bedeutung.

Verworfene Tage: siehe *Schwendtage*.

Vogelmonat: eine alte Bezeichnung für den *Oktober*, denn jetzt ging man auf Vogeljagd.

Vollmond: Die volle Mondscheibe ist am Himmel zu sehen, wenn Sonne und Mond in gegenüberliegenden Sternzeichen stehen. Jetzt geht der Mond zum Sonnenuntergang auf und morgens wieder unter. Der Mond ändert seine Phase von zu- nach abnehmend. Es ist der Zeitpunkt des Umschaltens von Aufnehmen zu Abgeben. Emotionen und Kräfte können freigesetzt werden. In der nachstehenden Tabelle können Sie auf einen Blick sehen, an welchen Tagen in den Jahren 2000–2010 Vollmond herrscht:

Vollmond von 2000 bis 2010

Vollmond 2000	Vollmond 2001	Vollmond 2002
21. 01.	09. 01.	28. 01.
19. 02.	08. 02.	27. 02.
20. 03.	09. 03.	28. 03.
18. 04.	08. 04.	27. 04.
18. 05.	07. 05.	26. 05.
16. 06.	06. 06.	24. 06.
16. 07.	05. 07.	24. 07.
15. 08.	04. 08.	22. 08.
13. 09.	02. 09.	21. 09.
13. 10.	02. 10.	21. 10.
11. 11.	01. 11.	20. 11.
11. 12.	30. 11.	19. 12.
	30. 12.	

Vollmond 2003	**Vollmond 2004**	**Vollmond 2005**
18. 01.	07. 01.	25. 01.
17. 02.	06. 02.	24. 02.
18. 03.	07. 03.	25. 03.
16. 04.	05. 04.	24. 04.
16. 05.	04. 05.	23. 05.
14. 06.	03. 06.	22. 06.
13. 07.	02. 07.	21. 07.
12. 08.	31. 07.	19. 08.
10. 09.	30. 08.	18. 09.
10. 10.	28. 09.	17. 10.
09. 11.	28. 10.	16. 11.
08. 12.	26. 11.	15. 12.
	26. 12.	

Vollmond 2006	**Vollmond 2007**	**Vollmond 2008**
14. 01.	03. 01.	22. 01.
13. 02.	02. 02.	21. 02.
14. 03.	04. 03.	21. 03.
13. 04.	02. 04.	20. 04.
13. 05.	02. 05.	20. 05.
11. 06.	01. 06.	18. 06.
11. 07.	30. 06.	18. 07.
09. 08.	30. 07.	16. 08.
07. 09.	28. 08.	15. 09.
07. 10.	26. 09.	14. 10.
05. 11.	26. 10.	13. 11.
05. 12.	24. 11.	12. 12.
	24. 12.	

Vollmond 2009	Vollmond 2010
11. 01.	30. 01.
09. 02.	28. 02.
11. 03.	30. 03.
09. 04.	28. 04.
09. 05.	28. 05.
07. 06.	26. 06.
07. 07.	26. 07.
06. 08.	24. 08.
04. 09.	23. 09.
04. 10.	23. 10.
02. 11.	21. 11.
02. 12.	21. 12.
31. 12.	

Wärmemond: eine alte Bezeichnung für den *Juli*.
Walpurgisnacht: siehe *Beltane*.
Weibermonat: eine alte Bezeichnung für den *Februar*.
Weidemond: eine alte Bezeichnung für den *Mai*.
Weltzeit: auch Universal Time (UT); wurde 1926 als Ersatz für die Greenwich Mean Time (GMT) eingeführt. Sie wurde aus astronomischen Beobachtungen gewonnen und entspricht etwa der mittleren Sonnenzeit am Nullmeridian durch Greenwich (Großbritannien). Für die meisten astronomischen Berechnungen wird UT1 benutzt – eine präziser berechnete Form von UT.
Wintermonat: auch Windmonat; eine alte Bezeichnung für den *November*.
Wintersonnenwende: auch *Julfest*; wird am 21. Dezember gefeiert. Ab jetzt werden die Tage wieder länger. Das *Julfest*

zur Wintersonnenwende vom 20. bis 23. Dezember war ursprünglich ein Hexensabbat. Die Wintersonnenwende galt bei vielen Völkern als wichtiges Fest: Denn die als solches gefeierte Wiedergeburt der Sonne zeigte den Beginn neuen Lebens und damit den Fortbestand allen Seins an.

Wolfmond: auch Hartmonat; eine alte Bezeichnung für den *Januar*.

Wonnemond: eine alte Bezeichnung für den *Mai*.

Zonenzeit: Schon Ende des 19. Jahrhunderts hat man auf der ganzen Erde nach und nach eine einheitliche Zeitmessung eingeführt. Man unterteilte den Globus dazu in 24 Zonen zu je 15 Grad geografischer Länge. Den Anfang bildet der Meridian von Greenwich in England – dieser nullte Längengrad bestimmt auch die *Weltzeit*.

Zunehmender Mond: die Phase des Mondes von *Neumond* bis *Vollmond*. Der zunehmende Mond bedeutet wachsende Kraft. Diese Zeit ist gut für die Sammlung von Energie. Der zunehmende Mond dauert etwa 13 bis 14 Tage.

Kapitel 3

Der Mond: Astrologie und Tierkreiszeichen

Die meisten Menschen wissen genau, welches Sternzeichen sie sind, oder besser gesagt: in welchem Sternzeichen die Sonne bei ihrer Geburt stand. Auf das Sonnenhoroskop stößt man nämlich überall: Die Tageshoroskope in Zeitungen, Zeitschriften und im Radio gründen sich darauf. Das hat natürlich seinen Grund: Die Sonne ist der Mittelpunkt unseres Lebens, ja sie ermöglicht es erst. Wer sich ein Horoskop erstellen lässt, sollte jedoch wissen, dass dafür nicht nur der Stand der Sonne wichtig ist, sondern dass vier Ebenen zusammenspielen müssen. Keine davon darf man aus dem Zusammenhang reißen, alle stehen in enger wechselseitiger Beziehung zueinander.

- Die erste Ebene ist der Tierkreis mit seinen zwölf Zeichen. Er symbolisiert das Lebensrad und stellt damit die Basis für die gebündelten kosmischen Energien auf unserer Erde dar.
- Die zweite Ebene bilden die Planeten, Mond und Sonne eingeschlossen: Sie entsprechen diesen kosmischen Energien und machen den Menschen erst zu einem handelnden, fühlenden und denkenden Wesen.
- Die dritte Ebene besteht aus den Beziehungen und Winkelstellungen, auch Aspekte genannt, der einzelnen Planeten zueinander zu einem bestimmten Zeitpunkt. Die Aspekte bei der Geburt eines Menschen entscheiden beispielsweise darüber, ob er dynamisch ist, ob er sein Leben selbst in die Hand nimmt oder sich ständig anstoßen läßt.

- Die vierte Ebene des Horoskops wird von den zwölf astrologischen Häusern gebildet. Wie ein Rahmen werden sie auf Tierkreiszeichen und Planeten gesetzt. Sie zeigen an, in welchem Lebensbereich jeweils eine Begabung liegt, wie man sich also am besten entfaltet. Für diese vierte Ebene sind auch die Gesellschaft und die Kultur entscheidend, in denen man aufwächst.

Das Wissen darum, in welchem Tierkreiszeichen die Planeten bei der Geburt standen, ist wichtig für die Erstellung eines genauen Horoskops. Nicht nur Sonne und Mond, auch die jeweilige Lage der meisten Planeten konnte man in vorgeschichtlicher Zeit mit bloßem Auge bestimmen. Natürlich sind Sonne und Mond keine Planeten in wissenschaftlichem Sinne. In den Anfangszeiten der Himmelsbeobachtung, in Sumer und Babylon, wurde dies jedoch nicht unterschieden. Astrologie war einfach die Lehre von den Sternen – für 2000 Jahre bestand kein Unterschied zur wissenschaftlichen Sternkunde, der Astronomie.

Als Erste entwickelten wohl die Sumerer um 3500 v. Chr. ein ausgeklügeltes System, um den Sternenhimmel zu verstehen und zu katalogisieren. Sie entdeckten z. B. die Fixsterne und fassten die einzelnen Sterne zu Sternbildern zusammen – insgesamt kannte man damals schon 48 Sternbilder. Für die Sternforscher in den Tempel- und Stadtstaaten Uruk, Ur oder Kisch waren die Sterne vor allem Orientierungspunkte – ihren Einfluss auf die Erde stellte man nicht in den Mittelpunkt des Interesses. Auch die Bahn des Mondes durch die Sternbilder war damals ohne Bedeutung. Die Sumerer erkannten allerdings, dass die Planeten Merkur, Venus, Mars, Jupiter und Saturn auf unterschiedlichen Bahnen liefen.

In Babylon hatten Sternenkundige beobachtet, dass die beiden wichtigsten Himmelskörper, nämlich Sonne und Mond, von der Erde aus betrachtet regelmäßig durch alle zwölf Tierkreiszeichen wanderten. Dieser Zeichenkreis wurde in zwölf so genannte Häuser von je 30 Grad unterteilt, jedem Haus wurde ein Planet zugeordnet. Den babylonischen Astrologen fiel zudem auf, dass bestimmte Ereignisse häufiger auftraten, wenn Sonne, Mond oder einer der Planeten durch bestimmte Häuser liefen. Die daraus entwickelten Grundlagen der Astrologie wurden ein halbes Jahrtausend vor unserer Zeitrechnung zum ersten Mal festgeschrieben, und bis heute hat sich daran nicht sehr viel geändert.

Die Sonne wechselt etwa alle vier Wochen in ein anderes Sternzeichen. Sie wissen natürlich: Die Sonne wandert nur scheinbar über den Himmel. Der Mond dagegen bewegt sich tatsächlich und wesentlich schneller: Etwa alle zwei bis zweieinhalb Tage wechselt er in ein anderes Tierkreiszeichen. Mondpositionen sind daher sehr bedeutsam in der Astrologie. Nach alter Überlieferung beeinflusst der Mond unsere Stimmungen und Gefühle, unser unbewusstes Denken und Handeln. Die Stellung des Mondes bei Ihrer Geburt zeigt also vor allem an, was für ein Typ Mensch Sie sind:

- ob Sie eher intro- oder extrovertiert sind,
- ob Sie zum Grübeln und Nachdenken neigen oder
- ob Sie sich oft zu ganz spontanen Handlungen hinreißen lassen.

Auf den nachfolgenden Seiten finden Sie die Mondtabellen für die Jahre 2000 bis 2010. So können Sie für jeden beliebigen Tag in diesem Zeitraum ersehen, in welchem Tierkreiszeichen der Mond stehen wird und in welcher Phase er sich befindet.

Natürlich steht der Mond nicht exakt von 0 bis 24 Uhr in einem Sternzeichen. Die Tabelle gibt daher immer das Zeichen an, in dem sich der Mond die überwiegende Zeit des jeweiligen Tages aufhält.

Wenn Sie nun aber wissen möchten, in welchem Tierkreiszeichen der Mond zum Beispiel zu Ihrer Geburt stand, oder wo er sich an irgendeinem Tag der letzten Jahre befand, dann können Sie das nach einem gar nicht so komplizierten Schema errechnen:

I. Aus der Tabelle A entnehmen Sie bitte die Jahresziffer a.

Tabelle A

Jahr	Jahres-ziffer a	Jahr	Jahres-ziffer a	Jahr	Jahres-ziffer a
1902	13	1921	13	1940	12
1903	22	1922	23	1941	23
1904	4	1923	5	1942	5
1905	16	1924	14	1943	14
1906	26	1925	26	1944	25
1907	8	1926	8	1945	9
1908	17	1927	17	1946	18
1909	1	1928	0	1947	0
1910	11	1929	12	1948	11
1911	20	1930	21	1949	22
1912	3	1931	3	1950	4
1913	14	1932	13	1951	13
1914	24	1933	25	1952	24
1915	6	1934	7	1953	7
1916	16	1935	16	1954	17
1917	0	1936	26	1955	26
1918	10	1937	10	1956	10
1919	19	1938	20	1957	20
1920	1	1939	2	1958	2

Jahr	Jahresziffer a	Jahr	Jahresziffer a	Jahr	Jahresziffer a
1959	12	1972	7	1985	21
1960	23	1973	17	1986	11
1961	6	1974	26	1987	21
1962	15	1975	10	1988	4
1963	25	1976	20	1989	14
1964	8	1977	3	1990	24
1965	19	1978	12	1991	7
1966	1	1979	23	1992	17
1967	11	1980	5	1993	27
1968	21	1981	16	1994	9
1969	4	1982	25	1995	20
1970	13	1983	8	1996	2
1971	24	1984	18		

II. Aus der Tabelle B entnehmen Sie bitte die Monatsziffer b.

Tabelle B

Monat	Monatsziffer b	Monat	Monatsziffer b	Monat	Monatsziffer b
Januar	0	Mai	11	September	24
Februar	4	Juni	14	Oktober	27
März	4	Juli	17	November	3
April	8	August	21	Dezember	6

III. Addieren Sie nun beide Ziffern und zählen Sie zu der erhaltenen Summe das Tagesdatum hinzu, also die 7 für den 7. Januar oder den 7. April. Wenn das Datum in einem Schaltjahr liegt, wenn also die Jahreszahl durch 4 ohne Rest teilbar ist, addieren Sie bitte zusätzlich eine 1.

IV. Erhalten Sie nach dieser Berechnung eine Zahl, die kleiner oder genau 27 ist, dann schauen Sie bitte gleich in der Tabelle C nach, welches das gesuchte Sternzeichen ist. Ist die erhaltene Summe größer als 27, ziehen Sie bitte 27, 55 oder 82 ab, so dass das Ergebnis nun kleiner oder genau 27 ist. Schauen Sie jetzt in der Tabelle C nach dem entsprechenden Tierkreiszeichen.

Tabelle C

Tierkreiszeichen	**Endziffer**
Widder	0, 1, 27, 28
Stier	2, 3, 4
Zwillinge	5, 6
Krebs	7, 8
Löwe	9, 10
Jungfrau	11, 12, 13
Waage	14, 15
Skorpion	16, 17
Schütze	18, 19
Steinbock	20, 21, 22
Wassermann	23, 24
Fische	25, 26

Ein Beispiel:
Sie möchten wissen, in welchem Tierkreiszeichen der Mond am 13. März 1967 stand.

Als Jahresziffer erhalten Sie für 1967 die 11.
Als Monatsziffer für den März erhalten Sie die 4.
Zur Summe 15 addieren Sie das Tagesdatum 13 und erhalten 28. Da kein Schaltjahr vorliegt, muss keine 1 hinzugenommen werden.
28 ist größer als 27, daher wird 27 subtrahiert. Das Ergebnis beträgt 1.
Am 13. März 1967 stand der Mond im Sternzeichen Widder.

Die Symbole

	Widder
	Stier
	Zwillinge
	Krebs
	Löwe
	Jungfrau
	Waage
	Skorpion
	Schütze
	Steinbock
	Wassermann
	Fische
	Neumond
	Zunehmender Mond
	Vollmond
	Abnehmender Mond

Mondkalender 1999

Tag	Jan.	Febr.	März	Apr.	Mai	Juni	Juli	Aug.	Sept.	Okt.	Nov.	Dez.
1	♋	♌	♍	♎ ○	♏	♑	♒	♓	♉	♊	♌	♍
2	♋	♍	♍ ○	♎	♐	♑	♒	♈	♊	♋ ☾	♍	♎
3	♌ ○	♍	♍	♏	♐	♑	♓	♈	♊ ☾	♋	♍	♎
4	♌	♎	♎	♏	♐	♒	♓	♉ ☾	♋	♌	♍	♏
5	♌	♎	♎	♐	♑	♒	♓	♉	♋	♌	♎	♏
6	♍	♎	♏	♐	♑	♓	♈ ☾	♊	♋	♍	♎	♏
7	♍	♏	♏	♐	♒	♓ ☾	♈	♊	♌	♍	♏	♐ ●
8	♎	♏ ☾	♏	♑	♒ ☾	♈	♉	♋	♌	♎	♏ ●	♐
9	♎ ☾	♐	♐	♑ ☾	♒	♈	♉	♋	♍	♎ ●	♐	♑
10	♎	♐	♐ ☾	♒	♓	♉	♊	♌	♍ ●	♎	♐	♑
11	♏	♐	♑	♒	♓	♉	♊	♌ ●	♎	♏	♐	♑
12	♏	♑	♑	♓	♈	♊	♋	♍	♎	♏	♑	♒
13	♐	♑	♑	♓	♈	♊ ●	♋ ●	♍	♏	♐	♑	♒
14	♐	♒	♒	♓	♈	♋	♌	♍	♏	♐	♒	♓
15	♐	♒	♒	♈	♉ ●	♋	♌	♎	♏	♐	♒	♓
16	♑	♒ ●	♓	♈ ●	♊	♌	♍	♎	♐	♑	♒ ☽	♓ ☽
17	♑ ●	♓	♓ ●	♉	♊	♌	♍	♏	♐ ☽	♑ ☽	♓	♈
18	♒	♓	♈	♉	♋	♌	♎	♏	♑	♒	♓	♈
19	♒	♈	♈	♊	♋	♍	♎	♏ ☽	♑	♒	♈	♉
20	♓	♈	♉	♊	♌	♍ ☽	♎ ☽	♐	♑	♒	♈	♉
21	♓	♉	♉	♋	♌	♎	♏	♐	♒	♓	♉	♊
22	♈	♉	♊	♋ ☽	♍ ☽	♎	♏	♑	♒	♓	♉	♊ ○
23	♈	♊ ☽	♊	♌	♍	♏	♐	♑	♓	♈	♊ ○	♋
24	♈ ☽	♊	♋ ☽	♌	♍	♏	♐	♒	♓	♈ ○	♊	♋
25	♉	♋	♋	♍	♎	♏	♐	♒	♈ ○	♉	♋	♌
26	♉	♋	♌	♍	♎	♐	♑	♒	♈	♉	♋	♌
27	♊	♌	♌	♎	♏	♐	♑	♓ ○	♉	♊	♌	♍
28	♊	♌	♌	♎	♏	♑ ○	♒ ○	♓	♉	♊	♌	♍
29	♋		♍	♎	♏	♑	♒	♈	♉	♋	♍	♎ ☾
30	♋		♍	♏ ○	♐ ○	♑	♒	♈	♉	♋	♍ ☾	♎
31	♌ ○		♎		♐		♓	♉		♌ ☾		♏

Mondkalender 2000

Tag	Jan.	Febr.	März	Apr.	Mai	Juni	Juli	Aug.	Sept.	Okt.	Nov.	Dez.
1	♏	♐	♑	♓	♈	♉	♋ 🌑	♌	♎	♏	♑	♒
2	♏	♑	♑	♓	♈	♊ 🌑	♋	♍	♏	♐	♑	♒
3	♐	♑	♒	♓	♉	♊	♌	♍	♏	♐	♒	♓
4	♐	♒	♒	♈ 🌑	♉ 🌑	♋	♌	♎	♏	♑	♒ ☽	♓ ☽
5	♑	♒ 🌑	♓	♈	♊	♋	♍	♎	♐ ☽	♑ ☽	♒	♓
6	♑ 🌑	♒	♓ 🌑	♉	♊	♌	♍	♏	♐	♑	♓	♈
7	♑	♓	♈	♉	♋	♌	♎	♏ ☽	♑	♒	♓	♈
8	♒	♓	♈	♊	♋	♍	♎ ☽	♐	♑	♒	♈	♉
9	♒	♈	♈	♊	♌	♍ ☽	♎	♐	♑	♒	♈	♉
10	♓	♈	♉	♋	♌ ☽	♎	♏	♐	♒	♓	♈	♊
11	♓	♉	♉	♋ ☽	♍	♎	♏	♑	♒	♓	♉ 🌕	♊ 🌕
12	♓	♉	♊	♌	♍	♏	♐	♑	♓	♈	♉	♋
13	♈	♊ ☽	♊ ☽	♌	♎	♏	♐	♒	♓ 🌕	♈ 🌕	♊	♋
14	♈ ☽	♊	♋	♍	♎	♏	♐	♒	♓	♉	♊	♌
15	♉	♊	♋	♍	♎	♐	♑	♒ 🌕	♈	♉	♋	♌
16	♉	♋	♌	♍	♏	♐	♑ 🌕	♓	♈	♊	♋	♍
17	♊	♋	♌	♎	♏	♑ 🌕	♒	♓	♉	♊	♌	♍
18	♊	♌	♍	♎ 🌕	♏ 🌕	♑	♒	♈	♉	♋	♌ ☾	♎ ☾
19	♋	♌ 🌕	♍	♏	♐	♑	♒	♈	♊	♋	♍	♎
20	♋	♍	♎ 🌕	♏	♐	♒	♓	♈	♊	♋ ☾	♍	♎
21	♌ 🌕	♍	♎	♐	♑	♒	♓	♉	♋ ☾	♌	♎	♏
22	♌	♎	♎	♐	♑	♓	♈	♉ ☾	♋	♌	♎	♏
23	♍	♎	♏	♐	♑	♓	♈	♊	♌	♍	♏	♐
24	♍	♏	♏	♑	♒	♓	♉ ☾	♊	♌	♍	♏	♐
25	♎	♏	♐	♑	♒	♈ ☾	♉	♋	♍	♎	♏	♑ 🌑
26	♎	♏	♐	♒ ☾	♓ ☾	♈	♉	♋	♍	♎	♐ 🌑	♑
27	♎	♐ ☾	♑	♒	♓	♉	♊	♌	♍ 🌑	♏ 🌑	♐	♑
28	♏ ☾	♐	♑ ☾	♒	♓	♉	♊	♌	♎	♏	♑	♒
29	♏	♑	♑	♓	♈	♊	♋	♍ 🌑	♎	♐	♑	♒
30	♐		♒	♓	♈	♊	♋	♍	♏	♐	♑	♓
31	♐		♒		♉		♌ 🌑	♎		♐		♓

Mondkalender 2001

Tag	Jan.	Febr.	März	Apr.	Mai	Juni	Juli	Aug.	Sept.	Okt.	Nov.	Dez.
1	♓	♉ ☽	♉	♋ ☽	♌	♎	♏	♑	♒	♓	♉ ○	♊
2	♈ ☽	♉	♊	♋	♍	♎	♐	♑	♓ ○	♈ ○	♉	♋
3	♈	♊	♊ ☽	♌	♍	♏	♐	♒	♓	♈	♊	♋
4	♉	♊	♋	♌	♎	♏	♐	♒ ○	♓	♉	♊	♋
5	♉	♋	♋	♍	♎	♐	♑ ○	♒	♈	♉	♋	♌
6	♉	♋	♌	♍	♏	♐ ○	♑	♓	♈	♉	♋	♌
7	♊	♌	♌	♎	♏ ○	♑	♒	♓	♉	♊	♌	♍ ☾
8	♊	♌ ○	♍	♎ ○	♏	♑	♒	♈	♉	♊	♌ ☾	♍
9	♋ ○	♍	♍ ○	♏	♐	♑	♒	♈	♊	♋	♌	♎
10	♋	♍	♎	♏	♐	♒	♓	♈	♊ ☾	♋ ☾	♍	♎
11	♌	♎	♎	♐	♑	♒	♓	♉	♊	♌	♍	♏
12	♌	♎	♎	♐	♑	♓	♈	♉ ☾	♋	♌	♎	♏
13	♍	♏	♏	♐	♒	♓	♈ ☾	♊	♋	♍	♎	♐
14	♍	♏	♏	♑	♒	♓ ☾	♈	♊	♌	♍	♏	♐ ●
15	♎	♐ ☾	♐	♑ ☾	♒ ☾	♈	♉	♋	♌	♎	♏ ●	♑
16	♎ ☾	♐	♐ ☾	♒	♓	♈	♉	♋	♍	♎ ●	♐	♑
17	♏	♐	♑	♒	♓	♉	♊	♌	♍ ●	♏	♐	♑
18	♏	♑	♑	♒	♈	♉	♊	♌	♎	♏	♑	♒
19	♐	♑	♑	♓	♈	♊	♋	♍ ●	♎	♐	♑	♒
20	♐	♒	♒	♓	♈	♊	♋ ●	♍	♏	♐	♒	♓
21	♐	♒	♒	♈	♉	♋ ●	♌	♎	♏	♐	♒	♓
22	♑	♒	♓	♈	♉	♋	♌	♎	♐	♑	♒	♓ ☽
23	♑	♓ ●	♓	♉ ●	♊ ●	♋	♍	♏	♐	♑	♓ ☽	♈
24	♒ ●	♓	♓	♉	♊	♌	♍	♏	♑ ☽	♒ ☽	♓	♈
25	♒	♈	♈ ●	♉	♋	♌	♎	♏ ☽	♑	♒	♈	♉
26	♒	♈	♈	♊	♋	♍	♎	♐	♑	♒	♈	♉
27	♓	♈	♉	♊	♌	♍	♏ ☽	♐	♒	♓	♈	♉
28	♓	♉	♉	♋	♌	♎ ☽	♏	♑	♒	♓	♉	♊
29	♈		♊	♋	♍ ☽	♎	♐	♑	♓	♈	♉	♊
30	♈		♊	♌	♍	♏	♐	♑	♓	♈	♊ ○	♋ ○
31	♈		♊		♍		♐	♒		♈		♋

Mondkalender 2002

Tag	Jan.	Febr.	März	Apr.	Mai	Juni	Juli	Aug.	Sept.	Okt.	Nov.	Dez.
1	♌	♎	♎	♐	♑	♒	♓	♉ 🌗	♊	♌	♍	♏
2	♌	♎	♎	♐	♑	♓	♈ 🌗	♉	♋	♌	♎	♏
3	♍	♏	♏	♑	♒	♓ 🌗	♈	♊	♋	♌	♎	♐
4	♍	♏ 🌗	♏	♑ 🌗	♒ 🌗	♈	♉	♊	♌	♍	♏ 🌑	♐ 🌑
5	♎	♏	♐	♑	♒	♈	♉	♊	♌	♍	♏	♐
6	♎ 🌗	♐	♐ 🌗	♒	♓	♈	♉	♋	♍	♎ 🌑	♐	♑
7	♏	♐	♑	♒	♓	♉	♊	♋	♍ 🌑	♎	♐	♑
8	♏	♑	♑	♓	♈	♉	♊	♌ 🌑	♎	♏	♑	♒
9	♐	♑	♑	♓	♈	♊	♋	♌	♎	♏	♑	♒
10	♐	♒	♒	♓	♈	♊	♋ 🌑	♍	♏	♐	♒	♓
11	♐	♒	♒	♈	♉	♊ 🌑	♌	♍	♏	♐	♒ 🌓	♓ 🌓
12	♑	♒ 🌑	♓	♈ 🌑	♉ 🌑	♋	♌	♎	♐	♑	♒	♓
13	♑ 🌑	♓	♓	♉	♊	♋	♍	♎	♐ 🌓	♑ 🌓	♓	♈
14	♒	♓	♓ 🌑	♉	♊	♌	♍	♏	♑	♒	♓	♈
15	♒	♈	♈	♉	♊	♌	♎	♏ 🌓	♑	♒	♈	♉
16	♒	♈	♈	♊	♋	♍	♎	♐	♑	♓	♈	♉
17	♓	♈	♉	♊	♋	♍	♎ 🌓	♐	♒	♓	♈	♉
18	♓	♉	♉	♋	♌	♎ 🌓	♏	♑	♒	♓	♉	♊
19	♈	♉	♉	♋	♌ 🌓	♎	♏	♑	♓	♈	♉	♊ 🌕
20	♈	♊ 🌓	♊	♋ 🌓	♍	♏	♐	♑	♓	♈	♊	♋
21	♈ 🌓	♊	♊	♌	♍	♏	♐	♒	♓ 🌕	♉ 🌕	♊ 🌕	♋
22	♉	♊	♋ 🌓	♌	♎	♐	♑	♒ 🌕	♈	♉	♊	♌
23	♉	♋	♋	♍	♎	♐	♑	♓	♈	♉	♋	♌
24	♊	♋	♌	♍	♏	♐ 🌕	♒ 🌕	♓	♉	♊	♋	♌
25	♊	♌	♌	♎	♏	♑	♒	♈	♉	♊	♌	♍
26	♋	♌	♍	♎	♐ 🌕	♑	♒	♈	♉	♋	♌	♍
27	♋ 🌕	♍ 🌕	♍	♏ 🌕	♐	♒	♓	♈	♊	♋	♍ 🌗	♎ 🌗
28	♌	♍	♎ 🌕	♏	♑	♒	♓	♉	♊	♋	♍	♎
29	♌		♎	♐	♑	♓	♈	♉	♋ 🌗	♌ 🌗	♎	♏
30	♍		♏	♐	♑	♓	♈	♊	♋	♌	♎	♏
31	♍		♏		♒		♈	♊ 🌗		♍		♐

Mondkalender 2003

Tag	Jan.	Febr.	März	Apr.	Mai	Juni	Juli	Aug.	Sept.	Okt.	Nov.	Dez.
1	♐	♒ 🌑	♒	♈ 🌑	♉ 🌑	♊	♋	♍	♏	♐	♒ ☽	♓
2	♑ 🌑	♒	♓	♈	♉	♋	♌	♎	♏	♑ ☽	♒	♓
3	♑	♓	♓ 🌑	♉	♊	♋	♌	♎	♐ ☽	♑	♓	♈
4	♒	♓	♓	♉	♊	♌	♍	♎	♐	♒	♓	♈
5	♒	♈	♈	♉	♊	♌	♍	♏ ☽	♑	♒	♈	♉
6	♓	♈	♈	♊	♋	♌	♎	♏	♑	♒	♈	♉
7	♓	♈	♉	♊	♋	♍ ☽	♎ ☽	♐	♒	♓	♈	♉
8	♓	♉	♉	♋	♌	♍	♏	♐	♒	♓	♉	♊ 🌕
9	♈	♉ ☽	♉	♋	♌ ☽	♎	♏	♑	♓	♈ 🌕	♉ 🌕	♊
10	♈ ☽	♊	♊	♋ ☽	♍	♎	♐	♑	♓ 🌕	♈	♊	♋
11	♉	♊	♊ ☽	♌	♍	♏	♐	♒	♓	♈	♊	♋
12	♉	♊	♋	♌	♍	♏	♑	♒ 🌕	♈	♉	♊	♋
13	♉	♋	♋	♍	♎	♐	♑ 🌕	♓	♈	♉	♋	♌
14	♊	♋	♌	♍	♎	♐ 🌕	♑	♓	♉	♊	♋	♌
15	♊	♌	♌	♎	♏	♑	♒	♈	♉	♊	♌	♍
16	♋	♌	♌	♎ 🌕	♏ 🌕	♑	♒	♈	♉	♊	♌	♍ ☾
17	♋	♍ 🌕	♍	♏	♐	♒	♓	♈	♊	♋ ☾	♌ ☾	♎
18	♋ 🌕	♍	♍ 🌕	♏	♐	♒	♓	♉	♊ ☾	♋	♍	♎
19	♌	♎	♎	♐	♑	♓	♈	♉	♋	♌	♍	♏
20	♌	♎	♎	♐	♑	♓	♈	♊ ☾	♋	♌	♎	♏
21	♍	♏	♏	♑	♒	♓ ☾	♈ ☾	♊	♋	♍	♎	♐
22	♍	♏	♏	♑	♒	♈	♉	♊	♌	♍	♏	♐
23	♎	♐ ☾	♐	♒ ☾	♓ ☾	♈	♉	♋	♌	♎	♏	♑ 🌑
24	♎	♐	♐	♒	♓	♉	♊	♋	♍	♎ 🌑	♐ 🌑	♑
25	♏ ☾	♐	♑ ☾	♒	♈	♉	♊	♌	♍	♏	♐	♒
26	♏	♑	♑	♓	♈	♉	♊	♌	♎ 🌑	♏	♑	♒
27	♐	♑	♒	♓	♈	♊	♋	♌ 🌑	♎	♐	♑	♒
28	♐	♒	♒	♈	♉	♊	♋	♍	♏	♐	♒	♓
29	♑		♓	♈	♉	♋ 🌑	♌ 🌑	♍	♏	♑	♒	♓
30	♑		♓	♈	♊	♋	♌	♎	♐	♑	♓ ☽	♈ ☽
31	♑		♓		♊ 🌑		♍	♎		♑		♈

Mondkalender 2004

Tag	Jan.	Febr.	März	Apr.	Mai	Juni	Juli	Aug.	Sept.	Okt.	Nov.	Dez.
1	♉	♊	♋	♌	♍	♏	♐	♒	♈	♉	♊	♌
2	♉	♊	♋	♍	♎	♐	♑ ○	♓	♈	♉	♋	♌
3	♉	♋	♌	♍	♎	♐ ○	♑	♓	♉	♊	♋	♌
4	♊	♋	♌	♎	♏ ○	♑	♒	♈	♉	♊	♌	♍
5	♊	♌	♌	♎ ○	♏	♑	♒	♈	♉	♋	♌ ☾	♍ ☾
6	♋	♌ ○	♍	♎	♐	♒	♓	♈	♊ ☾	♋ ☾	♌	♎
7	♋ ○	♍	♍ ○	♏	♐	♒	♓	♉	♊	♋	♍	♎
8	♋	♍	♎	♏	♑	♓	♈	♉ ☾	♋	♌	♍	♎
9	♌	♍	♎	♐	♑	♓ ☾	♈ ☾	♊	♋	♌	♎	♏
10	♌	♎	♏	♐	♒	♓	♉	♊	♋	♍	♎	♏
11	♍	♎	♏	♑	♒ ☾	♈	♉	♊	♌	♍	♏	♐
12	♍	♏	♐	♑ ☾	♓	♈	♉	♋	♌	♍	♏ ●	♐ ●
13	♎	♏ ☾	♐ ☾	♒	♓	♉	♊	♋	♍	♎	♐	♑
14	♎	♐	♑	♒	♓	♉	♊	♌	♍ ●	♎ ●	♐	♑
15	♎ ☾	♐	♑	♓	♈	♉	♋	♌	♎	♏	♑	♒
16	♏	♑	♑	♓	♈	♊	♋	♌ ●	♎	♏	♑	♒
17	♏	♑	♒	♈	♉	♊ ●	♋ ●	♍	♎	♐	♒	♓
18	♐	♒	♒	♈	♉	♋	♌	♍	♏	♐	♒	♓ ☽
19	♐	♒	♓	♈ ●	♊ ●	♋	♌	♎	♏	♑	♓ ☽	♈
20	♑	♓ ●	♓ ●	♉	♊	♋	♍	♎	♐	♑ ☽	♓	♈
21	♑ ●	♓	♈	♉	♊	♌	♍	♏	♐ ☽	♒	♓	♉
22	♒	♓	♈	♊	♋	♌	♍	♏	♑	♒	♈	♉
23	♒	♈	♉	♊	♋	♍	♎	♐ ☽	♑	♓	♈	♉
24	♓	♈	♉	♊	♌	♍	♎	♐	♒	♓	♉	♊
25	♓	♉	♉	♋	♌	♍ ☽	♏ ☽	♐	♒	♓	♉	♊
26	♈	♉ ☽	♊	♋	♌	♎	♏	♑	♓	♈	♊ ○	♋ ○
27	♈	♊	♊	♌ ☽	♍ ☽	♎	♐	♑	♓	♈	♊	♋
28	♈	♊	♋	♌	♍	♏	♐	♒	♈ ○	♉ ○	♊	♋
29	♉ ☽	♊	♋ ☽	♌	♎	♏	♑	♒	♈	♉	♋	♌
30	♉		♋	♍	♎	♐	♑	♓ ○	♉	♊	♋	♌
31	♊		♌		♏		♒	♓		♊		♍

Mondkalender 2005

Tag	Jan.	Febr.	März	Apr.	Mai	Juni	Juli	Aug.	Sept.	Okt.	Nov.	Dez.
1	♍	♏	♏	♑	♒ ☾	♈	♉	♊ ☾	♌	♍	♏	♐ ●
2	♍	♏ ☾	♏	♑ ☾	♒	♈	♉	♋	♌	♍	♏ ●	♐
3	♎ ☾	♏	♐ ☾	♒	♓	♉	♊	♋	♍ ●	♎ ●	♏	♑
4	♎	♐	♐	♒	♓	♉	♊	♌	♍	♎	♐	♑
5	♏	♐	♑	♓	♈	♉	♋	♌ ●	♎	♏	♐	♒
6	♏	♑	♑	♓	♈	♊ ●	♋ ●	♌	♎	♏	♑	♒
7	♐	♑	♒	♓	♉	♊	♋	♍	♎	♐	♑	♓
8	♐	♒ ●	♒	♈ ●	♉ ●	♋	♌	♍	♏	♐	♒	♓ ☽
9	♑	♒	♓	♈	♊	♋	♌	♎	♏	♐	♒ ☽	♈
10	♑ ●	♓	♓ ●	♉	♊	♋	♍	♎	♐	♑ ☽	♓	♈
11	♒	♓	♈	♉	♊	♌	♍	♎	♐ ☽	♑	♓	♈
12	♒	♈	♈	♊	♋	♌	♍	♏	♑	♒	♈	♉
13	♓	♈	♉	♊	♋	♍	♎	♏ ☽	♑	♒	♈	♉
14	♓	♉	♉	♋	♌	♍	♎ ☽	♐	♒	♓	♉	♊
15	♈	♉	♉	♋	♌	♍ ☽	♏	♐	♒	♓	♉	♊ ○
16	♈	♊ ☽	♊	♋ ☽	♌ ☽	♎	♏	♑	♓	♈	♉ ○	♋
17	♈ ☽	♊	♊ ☽	♌	♍	♎	♏	♑	♓	♈ ○	♊	♋
18	♉	♊	♋	♌	♍	♏	♐	♒	♈ ○	♉	♊	♋
19	♉	♋	♋	♍	♎	♏	♐	♒ ○	♈	♉	♋	♌
20	♊	♋	♋	♍	♎	♐	♑	♓	♈	♊	♋	♌
21	♊	♌	♌	♍	♎	♐	♑ ○	♓	♉	♊	♌	♍
22	♊	♌	♌	♎	♏	♑ ○	♒	♈	♉	♊	♌	♍
23	♋	♌	♍	♎	♏ ○	♑	♒	♈	♊	♋	♌ ☾	♍ ☾
24	♋	♍ ○	♍	♏ ○	♐	♒	♓	♉	♊	♋	♍	♎
25	♌ ○	♍	♍ ○	♏	♐	♒	♓	♉	♋ ☾	♌ ☾	♍	♎
26	♌	♎	♎	♐	♑	♓	♈	♊ ☾	♋	♌	♎	♏
27	♌	♎	♎	♐	♑	♓	♈	♊	♋	♌	♎	♏
28	♍	♎	♏	♑	♒	♈ ☾	♉ ☾	♊	♌	♍	♎	♐
29	♍		♏	♑	♒	♈	♉	♋	♌	♍	♏	♐
30	♎		♐	♑	♓	♈	♊	♋	♍	♎	♏	♐
31	♎		♐		♓ ☾		♊	♌		♎		♑ ●

Mondkalender 2006

Tag	Jan.	Febr.	März	Apr.	Mai	Juni	Juli	Aug.	Sept.	Okt.	Nov.	Dez.
1	♑	♓	♈	♉	♊	♌	♍	♎	♐	♑	♓	♈
2	♒	♈	♈	♊	♋	♌	♍	♏ ☽	♐	♒	♓	♉
3	♒	♈	♉	♊	♋	♍	♎ ☽	♏	♑	♒	♈	♉
4	♓	♉	♉	♋	♌	♍ ☽	♎	♐	♑	♓	♈	♊
5	♓	♉ ☽	♉	♋ ☽	♌ ☽	♎	♏	♐	♒	♓	♉ ○	♊ ○
6	♈ ☽	♊	♊ ☽	♋	♌	♎	♏	♑	♒	♈	♉	♋
7	♈	♊	♊	♌	♍	♎	♏	♑	♓ ○	♈ ○	♊	♋
8	♉	♊	♋	♌	♍	♏	♐	♒	♓	♉	♊	♋
9	♉	♋	♋	♍	♎	♏	♐	♒ ○	♈	♉	♋	♌
10	♊	♋	♌	♍	♎	♐	♑	♓	♈	♊	♋	♌
11	♊	♌	♌	♍	♎	♐ ○	♑ ○	♓	♉	♊	♌	♍
12	♋	♌	♌	♎ ○	♏	♐	♒	♈	♉	♊	♌ ☾	♍ ☾
13	♋	♌ ○	♍	♎	♏ ○	♑	♒	♈	♊	♋	♌	♎
14	♋ ○	♍	♍ ○	♏	♐	♑	♓	♉	♊ ☾	♋ ☾	♍	♎
15	♌	♍	♎	♏	♐	♒	♓	♉	♋	♌	♍	♎
16	♌	♎	♎	♏	♑	♒	♈	♉ ☾	♋	♌	♎	♏
17	♍	♎	♎	♐	♑	♓	♈ ☾	♊	♋	♍	♎	♏
18	♍	♎	♏	♐	♒	♓ ☾	♉	♊	♌	♍	♎	♐
19	♍	♏	♏	♑	♒	♈	♉	♋	♌	♍	♏	♐
20	♎	♏	♐ ☾	♑	♒ ☾	♈	♊	♋	♍	♎	♏ ●	♐ ●
21	♎	♐ ☾	♐	♒ ☾	♓	♉	♊	♌	♍	♎	♐	♑
22	♏ ☾	♐	♐	♒	♓	♉	♊	♌	♍ ●	♏ ●	♐	♑
23	♏	♑	♑	♓	♈	♊	♋	♌ ●	♎	♏	♑	♒
24	♏	♑	♑	♓	♈	♊	♋	♍	♎	♏	♑	♒
25	♐	♒	♒	♈	♉	♋ ●	♌ ●	♍	♏	♐	♑	♓
26	♐	♒	♒	♈	♉	♋	♌	♎	♏	♐	♒	♓
27	♑	♓	♓	♉ ●	♊ ●	♋	♌	♎	♏	♑	♒	♈ ☽
28	♑	♓ ●	♓	♉	♊	♌	♍	♎	♐	♑	♓ ☽	♈
29	♒ ●		♈ ●	♊	♋	♌	♍	♏	♐	♑ ☽	♓	♉
30	♒		♈	♊	♋	♍	♎	♏	♑ ☽	♒	♈	♉
31	♓		♉		♌		♎	♐ ☽		♒		♉

Mondkalender 2007

Tag	Jan.	Febr.	März	Apr.	Mai	Juni	Juli	Aug.	Sept.	Okt.	Nov.	Dez.
1	♊	♌	♌	♍	♎	♐ ○	♑	♓	♉	♊	♌ ☾	♍ ☾
2	♊	♌ ○	♌	♎ ○	♏ ○	♐	♒	♓	♉	♊	♌	♍
3	♋ ○	♌	♍	♎	♏	♑	♒	♈	♊	♋ ☾	♌	♎
4	♋	♍	♍ ○	♏	♏	♑	♒	♈	♊ ☾	♋	♍	♎
5	♌	♍	♎	♏	♐	♒	♓	♉ ☾	♊	♌	♍	♎
6	♌	♎	♎	♏	♑	♒	♓	♉	♋	♌	♎	♏
7	♍	♎	♎	♐	♑	♓	♈ ☾	♊	♋	♍	♎	♏
8	♍	♎	♏	♐	♑	♓ ☾	♈	♊	♌	♍	♎	♐
9	♍	♏	♏	♑	♒	♈	♉	♋	♌	♍	♏	♐ ●
10	♎	♏ ☾	♐	♑ ☾	♒ ☾	♈	♉	♋	♍	♎	♏ ●	♐
11	♎ ☾	♐	♐	♑	♓	♈	♊	♋	♍ ●	♎ ●	♐	♑
12	♏	♐	♐ ☾	♒	♓	♉	♊	♌	♍	♏	♐	♑
13	♏	♐	♑	♒	♈	♉	♋	♌ ●	♎	♏	♐	♒
14	♏	♑	♑	♓	♈	♊	♋ ●	♍	♎	♏	♑	♒
15	♐	♑	♒	♓	♉	♊ ●	♌	♍	♏	♐	♑	♒
16	♐	♒	♒	♈	♉ ●	♋	♌	♎	♏	♐	♒	♓
17	♑	♒ ●	♓	♈ ●	♊	♋	♍	♎	♏	♑	♒ ☽	♓ ☽
18	♑	♓	♓	♉	♊	♌	♍	♎	♐	♑	♓	♈
19	♒ ●	♓	♈ ●	♉	♋	♌	♍	♏	♐ ☽	♑ ☽	♓	♈
20	♒	♈	♈	♊	♋	♍	♎	♏	♑	♒	♓	♉
21	♓	♈	♉	♊	♌	♍	♎	♐ ☽	♑	♒	♈	♉
22	♓	♉	♉	♋	♌	♍ ☽	♏ ☽	♐	♒	♓	♈	♊
23	♓	♉	♊	♋	♌ ☽	♎	♏	♐	♒	♓	♉	♊
24	♈	♊ ☽	♊	♌ ☽	♍	♎	♏	♑	♒	♈	♉ ○	♋ ○
25	♈	♊	♋ ☽	♌	♍	♏	♐	♑	♓	♈	♊	♋
26	♉ ☽	♋	♋	♍	♎	♏	♐	♒	♓ ○	♉ ○	♊	♌
27	♉	♋	♋	♍	♎	♏	♑	♒	♈	♉	♋	♌
28	♊	♋	♌	♍	♎	♐	♑	♓ ○	♈	♊	♋	♍
29	♊		♌	♎	♏	♐	♑	♓	♉	♊	♌	♍
30	♋		♍	♎	♏	♑ ○	♒ ○	♈	♉	♋	♌	♍
31	♋		♍		♐		♒	♈		♋		♎ ☾

Mondkalender 2008

Tag	Jan.	Febr.	März	Apr.	Mai	Juni	Juli	Aug.	Sept.	Okt.	Nov.	Dez.
1	♎	♐	♐	♒	♓	♉	♊	♌ ●	♍	♏	♐	♑
2	♏	♐	♑	♒	♈	♉	♋	♌	♎	♏	♑	♒
3	♏	♑	♑	♓	♈	♊ ●	♋ ●	♍	♎	♏	♑	♒
4	♏	♑	♒	♓	♈	♊	♌	♍	♏	♐	♑	♓
5	♐	♑	♒	♈	♉ ●	♋	♌	♎	♏	♐	♒	♓ ☽
6	♐	♒	♓	♈ ●	♉	♋	♌	♎	♐	♑	♒ ☽	♓
7	♑	♒ ●	♓ ●	♉	♊	♌	♍	♎	♐ ☽	♑ ☽	♓	♈
8	♑ ●	♓	♓	♉	♊	♌	♍	♏ ☽	♐	♑	♓	♈
9	♑	♓	♈	♊	♋	♍	♎	♏	♑	♒	♓	♉
10	♒	♈	♈	♊	♋	♍ ☽	♎ ☽	♐	♑	♒	♈	♉
11	♒	♈	♉	♋	♌	♎	♏	♐	♒	♓	♈	♊
12	♓	♉	♉	♋ ☽	♌ ☽	♎	♏	♐	♒	♓	♉	♊ ○
13	♓	♉	♊	♌	♍	♎	♏	♑	♒	♈	♉ ○	♋
14	♈	♉ ☽	♊ ☽	♌	♍	♏	♐	♑	♓	♈ ○	♊	♋
15	♈ ☽	♊	♋	♌	♎	♏	♐	♒	♓ ○	♉	♊	♌
16	♉	♊	♋	♍	♎	♐	♑	♒ ○	♈	♉	♋	♌
17	♉	♋	♌	♍	♎	♐	♑	♓	♈	♉	♋	♍
18	♊	♋	♌	♎	♏	♐ ○	♑ ○	♓	♉	♊	♌	♍
19	♊	♌	♍	♎	♏	♑	♒	♓	♉	♊	♌ ☾	♍ ☾
20	♋	♌	♍	♏ ○	♐ ○	♑	♒	♈	♊	♋	♍	♎
21	♋	♍ ○	♍ ○	♏	♐	♒	♓	♈	♊	♋ ☾	♍	♎
22	♌ ○	♍	♎	♏	♐	♒	♓	♉	♋ ☾	♌	♎	♏
23	♌	♎	♎	♐	♑	♒	♈	♉ ☾	♋	♌	♎	♏
24	♌	♎	♏	♐	♑	♓	♈	♊	♌	♍	♎	♏
25	♍	♎	♏	♑	♒	♓	♈ ☾	♊	♌	♍	♏	♐
26	♍	♏	♏	♑	♒	♈ ☾	♉	♋	♌	♎	♏	♐
27	♎	♏	♐	♑	♒	♈	♉	♋	♍	♎	♐ ●	♑ ●
28	♎	♍	♐	♒ ☾	♓ ☾	♉	♊	♌	♍	♎ ●	♐	♑
29	♏	♐ ☾	♑ ☾	♒	♓	♉	♊	♌	♎ ●	♏	♑	♑
30	♏ ☾		♑	♓	♈	♊	♋	♍ ●	♎	♏	♑	♒
31	♏		♑		♈		♋	♍		♐		♒

Mondkalender 2009

Tag	Jan.	Febr.	März	Apr.	Mai	Juni	Juli	Aug.	Sept.	Okt.	Nov.	Dez.
1	♓	♈	♉	♊	♌ ☽	♍	♏	♐	♒	♓	♈	♉
2	♓	♉	♉	♋ ☽	♌	♎	♏	♑	♒	♓	♉ ○	♊ ○
3	♈	♉ ☽	♊	♋	♍	♎	♏	♑	♒	♈	♉	♊
4	♈ ☽	♊	♊ ☽	♌	♍	♏	♐	♑	♓ ○	♈ ○	♊	♋
5	♈	♊	♊	♌	♎	♏	♐	♒	♓	♈	♊	♋
6	♉	♋	♋	♍	♎	♐	♑	♒ ○	♈	♉	♋	♌
7	♉	♋	♋	♍	♎	♐ ○	♑ ○	♓	♈	♉	♋	♌
8	♊	♌	♌	♎	♏	♐	♑	♓	♈	♊	♌	♍
9	♊	♌ ○	♌	♎ ○	♏ ○	♑	♒	♓	♉	♊	♌ ☾	♍ ☾
10	♋	♍	♍	♏	♐	♑	♒	♈	♉	♋	♌	♍
11	♋ ○	♍	♍ ○	♏	♐	♒	♓	♈	♊	♋ ☾	♍	♎
12	♌	♎	♎	♏	♐	♒	♓	♉	♊ ☾	♌	♍	♎
13	♌	♎	♎	♐	♑	♒	♓	♉ ☾	♋	♌	♎	♏
14	♍	♎	♏	♐	♑	♓	♈	♉	♋	♍	♎	♏
15	♍	♏	♏	♑	♒	♓ ☾	♈ ☾	♊	♌	♍	♏	♐
16	♎	♏ ☾	♐	♑	♒	♈	♉	♊	♌	♍	♏ ●	♐ ●
17	♎	♐	♐	♑ ☾	♒ ☾	♈	♉	♋	♍	♎	♐	♑
18	♏ ☾	♐	♐ ☾	♒	♓	♈	♊	♋	♍ ●	♎ ●	♐	♑
19	♏	♐	♑	♒	♓	♉	♊	♌	♎	♏	♐	♒
20	♏	♑	♑	♓	♈	♉	♋	♌ ●	♎	♏	♑	♒
21	♐	♑	♒	♓	♈	♊	♋	♍	♏	♐	♑	♒
22	♐	♒	♒	♓	♉	♊ ●	♌ ●	♍	♏	♐	♒	♓
23	♑	♒	♒	♈	♉	♋	♌	♎	♏	♑	♒	♓
24	♑	♒	♓	♈	♊ ●	♋	♍	♎	♐	♑	♒ ☽	♈ ☽
25	♑	♓ ●	♓	♉ ●	♊	♌	♍	♏	♐	♑	♓	♈
26	♒ ●	♓	♈ ●	♉	♋	♌	♎	♏	♑ ☽	♒ ☽	♓	♈
27	♒	♈	♈	♊	♋	♍	♎	♐ ☽	♑	♒	♈	♉
28	♓	♈	♉	♊	♌	♍	♎ ☽	♐	♑	♓	♈	♉
29	♓		♉	♋	♌	♎ ☽	♏	♐	♒	♓	♉	♊
30	♓		♉	♋	♌	♎	♏	♑	♒	♓	♉	♊
31	♈		♊		♍		♐	♑		♈		♋ ○

Mondkalender 2010

Tag	Jan.	Febr.	März	Apr.	Mai	Juni	Juli	Aug.	Sept.	Okt.	Nov.	Dez.
1	♋	♍	♍	♏	♐	♒	♓	♈	♊ ☾	♋ ☾	♍	♎
2	♌	♍	♎	♏	♑	♒	♓	♉	♊	♋	♍	♎
3	♌	♎	♎	♐	♑	♒	♓	♊ ☾	♋	♌	♎	♏
4	♍	♎	♏	♐	♑	♊	♈ ☾	♊	♋	♌	♎	♏
5	♍	♏	♏	♑	♒	♊ ☾	♈	♊	♌	♍	♏	♐ ●
6	♎	♏ ☾	♐	♑ ☾	♒ ☾	♈	♉	♋	♌	♍	♏ ●	♐
7	♎ ☾	♐	♐ ☾	♑	♓	♈	♉	♋	♍	♎ ●	♐	♑
8	♏	♐	♐	♒	♓	♈	♊	♌	♍ ●	♎	♐	♑
9	♏	♑	♑	♒	♓	♉	♊	♌	♎	♏	♐	♒
10	♏	♑	♑	♓	♈	♉	♊	♍ ●	♎	♏	♑	♒
11	♐	♑	♒	♓	♈	♊	♋ ●	♍	♏	♐	♑	♒
12	♐	♒	♒	♓	♉	♊ ●	♋	♎	♏	♐	♒	♓
13	♑	♒	♒	♈	♉	♋	♌	♎	♏	♑	♒ ☽	♓ ☽
14	♑	♒ ●	♓	♈ ●	♉ ●	♋	♌	♏	♐	♑ ☽	♓	♈
15	♑ ●	♓	♓ ●	♉	♊	♌	♍	♏	♐ ☽	♑	♓	♈
16	♒	♓	♈	♉	♊	♌	♍	♐ ☽	♑	♒	♓	♈
17	♒	♈	♈	♊	♋	♍	♎	♐	♑	♒	♈	♉
18	♓	♈	♈	♊	♋	♍	♎ ☽	♑	♒	♓	♈	♉
19	♓	♉	♉	♊	♌	♎ ☽	♏	♑	♒	♓	♉	♊
20	♓	♉	♉	♋	♌ ☽	♎	♏	♑	♒	♓	♉	♊
21	♈	♉	♊	♋ ☽	♍	♎	♐	♒	♓	♈	♉ ○	♋ ○
22	♈	♊ ☽	♊	♌	♍	♏	♐	♒	♓	♈	♊	♋
23	♉ ☽	♊	♋ ☽	♌	♎	♏	♑	♓	♈ ○	♉ ○	♊	♋
24	♉	♋	♋	♍	♎	♐	♑	♓ ○	♈	♉	♋	♌
25	♊	♋	♌	♍	♏	♐	♑	♈	♈	♉	♋	♌
26	♊	♌	♌	♎	♏	♑ ○	♒ ○	♈	♉	♊	♌	♍
27	♊	♌	♍	♎	♏	♑	♒	♈	♉	♊	♌	♍
28	♋	♍ ○	♍	♏ ○	♐ ○	♑	♓	♉	♊	♋	♍ ☾	♎ ☾
29	♋		♎	♏	♐	♒	♓	♉	♊	♋	♍	♎
30	♌ ○		♎ ○	♐	♑	♒	♓	♊	♊	♌ ☾	♍	♏
31	♌		♎		♑		♈	♊		♌		♏

Noch mehr über sich selbst, Ihre Veranlagungen und Ihren Charakter finden Sie heraus, wenn Sie wissen, welcher Planet das entsprechende Tierkreiszeichen regiert. Und ob Ihr Mondsternbild ein Erd-, Feuer-, Luft- oder Wasserzeichen ist. Die Tierkreiszeichen werden nämlich von alters her auch den vier astrologisch-alchimistischen Eigenschaften zugeteilt. Immer abwechselnd gruppiert man daher Feuer, Erde, Luft und Wasser – die vier Elemente der Alchimisten und der Hexen – zu den zwölf Sternzeichen.

Als etwas Besonderes gelten außerdem alle, die an einem Tag geboren wurden, an dem Voll- oder Neumond herrschte:

- Der Vollmond weckt zwei entgegengesetzte Kräfte im Menschen: einerseits große Klarheit im Denken und andererseits innere Zerrissenheit. Der Grund: Bei Vollmond stehen Sonne und Mond in entgegengesetzten Sternzeichen. Wer direkt an einem Vollmondtag geboren wurde, wird in seinem Leben meist viele Probleme zu lösen haben. Aber der typische Mutterwitz rettet über so manche Widrigkeit des Lebens hinweg und sorgt dafür, dass man Sorgen und Konflikte eher auf die leichte Schulter nimmt.
- Der Neumond verstärkt die Charaktereigenschaften des Sonnenzeichens. Der Grund ist klar: Sonne und Mond stehen im selben Zeichen. Wer direkt an einem Neumondtag geboren wurde, gilt als besonders dynamisch und steckt voller Energie. Vieles im Leben wird impulsiv und mit eher kindlich-naivem Gemüt entschieden.

Natürlich sind auch die einzelnen Mondphasen für die Erstellung eines Horoskops von Bedeutung. Die Überlieferung besagt:

- Wer in der Zeit von Neumond bis zunehmendem Halbmond geboren ist, wird in seinem Leben immer die neu erwachte Mondenergie spüren. Mit Frische und Elan geht man an alle Aufgaben im Leben heran. Der Nachteil: Oft werden viele unterschiedliche Dinge gleichzeitig begonnen, man verzettelt sich dabei und vollendet deshalb nur wenig.

- Wer in der Zeit vom zunehmenden Halbmond bis zum Vollmond geboren wurde, ist sehr zielstrebig und findet im Leben immer Menschen, die ihm zur Seite stehen – nicht unbedingt mit finanziellen Mitteln, aber mit Anregungen und Bestätigung. Der Nachteil: Man schwimmt nur sehr selten gegen den Strom, handelt also mit der Masse, wohin sie sich auch wendet. Andere werden deshalb oft enttäuscht, wenn sie auf Standfestigkeit hoffen.
- Wer in der Phase von Vollmond bis zum abnehmenden Halbmond geboren wurde, ist sicher kein einsamer Wolf, sondern ein Familienmensch. Ohne enge Beziehungen zu Freunden, Partnern oder Kollegen kommt er nicht aus. Soziale Bindungen sind für diesen Typ Mensch lebenswichtig, aus ihnen tankt er Kraft und Stärke. Der Nachteil: Man lernt nur schwer, auf eigenen Beinen zu stehen.
- Wer in der Zeit von abnehmendem Halbmond bis Neumond geboren wurde, findet seine Lebenserfüllung oft darin, alle möglichen Probleme zu lösen – vor allem die der Mitmenschen. Der Nachteil: Für einen selbst bleibt deshalb oft wenig Zeit und materieller Wohlstand stellt sich dabei auch nicht ein.

In der nachstehenden Tabelle können Sie mit einem Blick sehen, in welchem Monat des Jahres der Mond in den einzelnen Phasen und Sternzeichen steht. So können Sie schon einmal vorläufigen Rückschluss darauf ziehen, in welcher Mondphase Sie geboren wurden.

Die Phasen des Mondes in den Tierkreiszeichen

Zeichen des Tierkreises	Neumond	Abnehm. Mond	Vollmond	Zunehm. Mond
♈	April	April–Okt.	Oktober	Okt.–April
♉	Mai	Mai–Nov.	November	Nov.–Mai
♊	Juni	Juni–Dez.	Dezember	Dez.–Juni
♋	Juli	Juli–Jan.	Januar	Jan.–Juli
♌	August	Aug.–Febr.	Februar	Febr.–Aug.
♍	September	Sept.–März	März	März–Sept.
♎	Oktober	Okt.–April	April	April–Okt.
♏	November	Nov.–Mai	Mai	Mai–Nov.
♐	Dezember	Dez.–Juni	Juni	Juni–Dez.
♑	Januar	Jan.–Juli	Juli	Juli–Jan.
♒	Februar	Febr.–Aug.	August	Aug.–Febr.
♓	März	März–Sept.	September	Sept.–März

Lexikon von A–Z

AC: auch ASZ oder ASC; siehe *Aszendent*.

Aspekt: die Winkelbeziehung zweier oder mehrerer *Planeten* zueinander in Bezug auf die Erde. Die Aspekte werden in einem *Horoskop* aufgezeichnet und ausgewertet. Man unterscheidet fünf Hauptaspekte: die harmonischen Trigon (120 Grad) und Sextil (60 Grad) sowie die gespannten beziehungsweise disharmonischen Quadrat (90 Grad) und Opposition (180 Grad). Neutral ist die Konjunktion von null Grad, also die Stellung mehrerer Gestirne im gleichen Längengrad.

Astrologie: die uralte Wissenschaft, die den Einfluss von *Sonne*, *Mond* und *Planeten* auf die Erde und den Menschen erforscht. Die »Lehre von den Sternen« – so die Übersetzung des griechischen Begriffs – war bis zum 17. Jahrhundert nahezu identisch mit der heutigen, inzwischen sehr rationalen und im modernsten Sinne wissenschaftlichen *Astronomie*.

Astrologische Symbole: Die *Planeten* und *Sternzeichen* werden durch Symbole gekennzeichnet. Diese Symbole gehören zu den Grundkenntnissen der *Astrologie*, sie werden in Karten und Zeichnungen verwendet – und das schon seit Jahrhunderten.

Astrologische Symbole

Sternzeichen	Symbol
Widder	♈
Stier	♉
Zwillinge	♊
Krebs	♋
Löwe	♌
Jungfrau	♍
Waage	♎
Skorpion	♏
Schütze	♐
Steinbock	♑
Wassermann	♒
Fische	♓
Neumond	●
Zunehmender Mond	☽
Vollmond	○
Abnehmender Mond	☾

Planet	**Symbol**
Sonne	☉
Mond	☽
Merkur	☿
Venus	♀
Mars	♂
Jupiter	♃
Saturn	♄
Uranus	♅
Neptun	♆
Pluto	♇

Aspekt	**Symbol**
Konjunktion	☌
Opposition	☍
Quadrat	□
Sextil	⚹
Trigon	△
Quincunx	⚻

Astromedizin: in der alten Medizin angewandte Astrologie. Es wird davon ausgegangen, dass uns der Einfluss der Himmelskörper sowohl krank als auch wieder gesund machen kann. Jedem *Sternzeichen* ist ein bestimmter Teil des Körpers zugeordnet. Diese Einteilung sieht so aus:

Sternzeichen	**entspricht dem Körperteil**
♈	Kopf und Gesicht
♉	Hals und Nacken
♊	Schultern und Arme
♋	Brust und Magen
♌	Rücken und Herz
♍	Eingeweide, Darm und Solarplexus
♎	Nieren, Eierstöcke und Lenden
♏	Geschlechtsorgane
♐	Hüften
♑	Knie
♒	Fußknöchel
♓	Füße

Astronomie: Wissenschaft von den Sternen und damit das Studium der Bewegungen und Stellungen der Himmelskörper. Sie gehört zu den ältesten Naturwissenschaften. In früherer Zeit wurde die Astronomie nicht von der *Astrologie* unterschieden. Heute gilt sie als die rationalere und »wirkliche« Wissenschaft.

Aszendent: auch aufsteigendes Zeichen; das Sternzeichen, das gerade am östlichen Horizont des Beobachtungsortes aufsteigt. Der Aszendent zum Zeitpunkt der Geburt eines Menschen ist ein wichtiger Faktor innerhalb des *Horoskops* bei der Bestimmung des Charakterbildes.

Aufsteigendes Zeichen: siehe *Aszendent*.

Benefizplanet: traditionsgemäß jene *Planeten*, die als Glücksbringer gelten. Das sind *Jupiter* und *Venus*.

Bewegliche Zeichen: auch doppelte Zeichen; *Zwillinge*, *Jungfrau*, *Schütze* und *Fische*. Wesen, in denen ein solcher Einfluss überwiegt, sind unsicher und schwankend.

Bewegliches Kreuz: die vier *beweglichen Zeichen*.

Deus: das neunte *Haus* in einem *Horoskop*.

Divination: Fachausdruck für das Lesen und Deuten eines Horoskops.

Drachenkopf: siehe *Mondknoten*.

Drachenschwanz: siehe *Mondknoten*.

Ehehaus: das siebte *Haus* in einem *Horoskop*.

Element: nach alten Lehren die Grundbestandteile der Welt. Man ging von vier Elementen als den Urkräften aus: Luft, Feuer, Erde und Wasser. Nach den Vorstellungen der antiken Naturphilosophie von den *Urqualitäten* entstand aus Trockenheit und Wärme das Feuer; aus Trockenheit und Kälte die Erde; aus Feuchtigkeit und Wärme die Luft; aus Feuchtigkeit und Kälte das Wasser. Jedem *Tierkreiszeichen* wird ein Element zugeordnet.

Empfängnishoroskop: wichtigstes vorgeburtliches *Horoskop*, das für den wahrscheinlichen Zeitpunkt der Empfängnis erstellt wird.

Ephemeriden: astronomische Tabellen, in denen die Positionen der *Planeten* in einem bestimmten, regelmäßigen zeitlichen Abstand für Vergangenheit, Gegenwart und Zukunft aufgezeichnet sind. Sie sind seit dem 15. Jahrhundert gebräuchlich.

Erde: eines der vier *Elemente*. Es symbolisiert Vorsicht, Berechnung und Geschick im Ausnutzen aller Möglichkeiten, die materielle Welt zu kontrollieren und zu besitzen. *Erdzeichen* sind Stier, Jungfrau und Steinbock.

Erdzeichen: Stier, Jungfrau und *Steinbock*. Sie entsprechen dem melancholischen *Temperament*.

Felder: siehe *Haus*.

Feste Zeichen: auch fixe Zeichen; *Stier, Löwe, Skorpion* und *Wassermann*. Wesen, in denen dieser Einfluss überwiegt, sind klug und vernünftig genug, sich zu vervollkommnen und bis an ihre Grenzen zu gehen.

Festes Kreuz: die vier *festen Zeichen*.

Feuer: eines der vier Elemente. Es symbolisiert den mitreißenden Wunsch und unbezwinglichen Willen, sich zu entfalten, zu behaupten und um jeden Preis durchzusetzen. *Feuerzeichen* sind *Widder, Löwe* und *Schütze*.

Feuerzeichen: *Widder, Löwe* und *Schütze*. Sie entsprechen dem cholerischen *Temperament*.

Fische: das zwölfte und letzte Sternzeichen im *Tierkreis*. Die Sonne steht in den Fischen vom 19. Februar bis zum 20. März. Fische sind ein *Winterzeichen* und haben als *Element* das *Wasser*.

Fischemond: hat als Herrscherplanet den *Neptun* und ist ein *Wasserzeichen*. Der Geburtsmond im Sternzeichen Fische zeigt eine ausgesprochene Ader für Spirituelles und Mystisches an, außerdem große Kreativität. Dafür ist wenig Interesse an Besitztümern und Geld vorhanden. Weil sich ein solcher Mensch sehr gut in andere hineinversetzen kann, leidet er oft unter verwirrten Gefühlen.

Fixe Zeichen: siehe *feste Zeichen*.

Frühlingszeichen: Widder, Stier, Zwillinge.

Geburtshoroskop: das *Horoskop*, das bei der Geburt eines Menschen, das heißt für den Zeitpunkt seines ersten Atemzugs, erstellt wird.

Geburtsmond: zu jeder Zeit steht der Mond in einem Sternzeichen. Für ein Horoskop ist es wichtig, in welchen Zeichen der Mond bei der Geburt eines Menschen stand.

Steckbrief des Fischemonds: »die empfindliche Seele«
Element: Wasser
Herrscherplanet: Neptun (Jupiter)
Eigenschaft: angleichend als drittes Winterzeichen
Prinzip: Auflösung
Pol: weiblich
Farben: schimmernde Farben und Pastelltöne
Körperregionen: Füße
Schwächen: beeinflussbar und weltabgewandt
Stärken: hilfsbereit und einfühlsam

Steckbrief des Jungfraumonds: »die vernünftige Seele«
Element: Erde
Herrscherplanet: Merkur
Eigenschaft: angleichend als drittes Sommerzeichen
Prinzip: Erde
Pol: weiblich
Farben: Hellbraun, Hellgrün und Sandfarben
Körperregionen: Bauch
Schwächen: pedantisch und kritiksüchtig
Stärken: methodisch vorgehend und fleißig

Steckbrief des Krebsmonds: »die empfängliche Seele«
Element: Wasser
Herrscherplanet: Mond
Eigenschaft: bewegend als erstes Sommerzeichen
Prinzip: Fruchtbarkeit
Pol: weiblich
Farben: Beige, wässrige Farben und Silber
Körperregion: Brust
Schwächen: launisch und nachtragend
Stärken: sensibel und empfänglich

Steckbrief des Löwemonds: »die stolze Seele«
Element: Feuer
Herrscherplanet: Sonne
Eigenschaft: stabilisierend als zweites Sommerzeichen
Prinzip: Zeugung
Pol: männlich
Farben: Orange, Gold und leuchtende Farben
Körperregionen: Rücken
Schwächen: stolz und egozentrisch
Stärken: mutig und talentiert für Organisation

Steckbrief des Schützemonds: »die suchende Seele«
Element: Feuer
Herrscherplanet: Jupiter
Eigenschaft: angleichend als drittes Herbstzeichen
Prinzip: Glauben
Pol: männlich
Farben: Lila und Dunkelrot
Körperregionen: Oberschenkel und Hüfte
Schwächen: prahlerisch und sich einmischend
Stärken: enthusiastisch und überzeugend

Steckbrief des Skorpionmonds: »die tief schürfende Seele«
Element: Wasser
Herrscherplanet: Pluto (Mars)
Eigenschaft: stabilisierend als zweites Herbstzeichen
Prinzip: Umwandlung
Pol: weiblich
Farben: Rot/Schwarz und extreme Mischungen
Körperregionen: Harnleiter und die Geschlechtsorgane
Schwächen: fanatisch und kompromisslos
Stärken: durchsetzungskräftig und unermüdlich

Steckbrief des Steinbockmonds: »die ehrgeizige Seele«
Element: Erde
Herrscherplanet: Saturn
Eigenschaft: bewegend als erstes Winterzeichen
Prinzip: Stabilität
Pol: weiblich
Farben: Dunkelblau, Dunkelgrün und Anthrazit
Körperregionen: Kniegelenke und Haut
Schwächen: übergenau und eigenbrötlerisch
Stärken: kameradschaftlich und treu

Steckbrief des Stiermonds: »die gemütliche Seele«
Element: Erde
Herrscherplanet: Venus
Eigenschaft: stabilisierend als zweites Frühlingszeichen
Prinzip: Sicherheit
Pol: weiblich
Farben: ein kräftiges Grün, Sand- und Erdfarben
Körperregionen: Hals und Nacken
Schwächen: stur, rechthaberisch
Stärken: konsequent und geduldig

Steckbrief des Waagemonds: »die entgegenkommende Seele«
Element: Luft
Herrscherplanet: Venus
Eigenschaft: bewegend als erstes Herbstzeichen
Prinzip: Verbindung
Pol: männlich
Farben: Taubenblau, Rosa und Hellblau
Körperregionen: Haut und Nieren
Schwächen: wankelmütig und bequem
Stärken: diplomatisch und ästhetisch

Steckbrief des Wassermannmonds: »die humane Seele«
Element: Luft
Herrscherplanet: Uranus (Saturn)
Eigenschaft: stabilisierend als zweites Winterzeichen
Prinzip: Reform
Pol: männlich
Farben: Metallic-Farben und Eisblau
Körperregionen: Waden und Unterschenkel
Schwächen: ungeduldig und träumerisch
Stärken: originell und wissbegierig

Steckbrief des Widdermonds: »die ungeduldige Seele«
Element: Feuer
Herrscherplanet: Mars
Eigenschaft: bewegend, die ersten Frühlingsanzeichen
Prinzip: Aufbruch
Pol: männlich
Farbe: Rot
Körperregion: Kopf
Schwächen: eigenwillig, unbesonnen
Stärken: entschlossen, tatkräftig

Steckbrief des Zwillingsmonds: »die kommunizierende Seele«
Element: Luft
Herrscherplanet: Merkur
Eigenschaft: angleichend
Prinzip: Kontakt
Pol: männlich
Farben: helles bis kräftiges Grün
Körperregion: Schulter, Arme, Hände
Schwächen: oberflächlich und unzuverlässig
Stärken: flexibel und geschickt

Haus: auch Feld; am *Aszendenten* ausgerichtete Schicksalsfelder in einem *Horoskop*. Analog zu den Tierkreiszeichen gliedern sich die Häuser in zwölf Abschnitte, die von den Planeten regiert werden. Man unterscheidet:

Herbstzeichen: Waage, Skorpion, Schütze.

Herrscher, auch Regent: der *Planet*, der nach einem genau festgelegten Schema ein bestimmtes *Sternzeichen* oder eine Zeiteinheit (wie Jahre, Monate, Wochen, Tage, Stunden) regiert.

Horarhoroskop: siehe *Stundenhoroskop*.

Horoskop: aus den beiden griechischen Wörtern »horos« (= Stunde) und »kopos« (= Beobachter). Ein Horoskop ist eine symbolische Himmelskarte, die für den Zeitpunkt der Geburt eines Menschen erstellt wird und aus der man Chancen und Charaktereigenschaften aufzeigen kann. Das erste persönliche Horoskop wurde etwa um 400 v. Chr. erstellt.

Horoskopelemente: Zu einem *Horoskop* gehören bestimmte Grundelemente: der *Zodiakus*, die *Planeten*, die *Häuser* und die *Aspekte*.

Horoskopie: heißt der praktische Teil der Astrologie. Er befasst sich mit der Berechnung, Erstellung und Deutung eines *Horoskops*.

Jahresregent: nach astrologischer Lehre wird jedes Jahr von einem *Planeten*, zu denen auch Sonne und Mond gezählt werden, regiert. Dies hat auch Einfluss auf das irdische Leben.

Die Häuser in der Astrologie

Haus	Deutung
1. Haus	persönliche Anlagen (Vererbung, Herkunft, Umwelt), Charakter
2. Haus	materieller und ideeller Besitz, Vermögen
3. Haus	geistige Fähigkeiten, Denken, Ausbildung, Erziehung; auch Reisen, Nachbarn, Verwandtschaft
4. Haus	Herkunft, Eltern, Heimat, das eigene Alter
5. Haus	persönliches Glück, auch Liebe, Kinder, Lebensfreude
6. Haus	Arbeit und damit verbundene Anstrengungen, auch Gesundheit und Widerstandskraft
7. Haus	»Ehehaus«; also Partnerschaft und Ehe, auch: Prozesse und Feinde, die Öffentlichkeit
8. Haus	Betrübnis, Leid und Krankheit, auch geheime, okkulte Kräfte traditionell: Ort und Ursache des Todes, Erbschaften
9. Haus	»Deus« – Lebenserfahrung, Wissenschaft, Religion und Politik; auch: große Reisen
10. Haus	das »königliche Haus« – Würde, Ehre und Ruhm, auch: Beruf, gesellschaftliche Position, Erfolg und Ansehen
11. Haus	Wünsche und Hoffnungen, Freunde und Bekannte
12. Haus	innere Einkehr, Besinnung und Läuterung, auch: Prüfung, traditionell: Sorgen, Kummer, Trauer, Konflikte mit Behörden

Die Jahresregenten bis 2020

	♄	♃	♂	☉	♀	☿	☽
Jahr	2000	2001	2002	2003	2004	2005	2006
	2007	2008	2009	2010	2011	2012	2013
	2014	2015	2016	2017	2018	2019	2020

Jungfrau: das sechste Sternzeichen im *Tierkreis*. Die Sonne steht in der Jungfrau vom 23. August bis 22. September. Jungfrau ist ein *Sommerzeichen* und hat als *Element* die *Erde*.

Jungfraumond: wird vom *Planeten* Merkur beherrscht und ist ein *Erdzeichen*. Der Geburtsmond im Sternzeichen *Jungfrau* deutet Perfektionismus an – bis hin zu pedantischem Handeln. Selbstzweifel sind keine Seltenheit, zudem werden die Gefühle zugunsten vernünftiger Entscheidungen unterdrückt. Das hat aber nicht unbedingt negative Auswirkungen auf die Leistungsfähigkeit.

Jupiter: nach dem römischen Göttervater benannter *Planet*. Er gilt als Herrscher aller Planeten und symbolisiert Optimismus und Glück. Jupiter sorgt für ein ständig wachsendes menschliches Bewusstsein: für erweiterten Horizont, neue Perspektiven, Freude und Lebensbejahung. Jupiter zählt zu den *Benefizplaneten*.

Kardinale Zeichen: *Widder*, *Krebs*, *Waage* und *Steinbock*. Wesen, in denen ein solcher Einfluss überwiegt, haben unermessliche Energien und einen enormen Reichtum an Ideen.

Kardinales Kreuz: die vier *kardinalen Zeichen*.

Kometen: wurden in der frühen Zeit der *Horoskopie* in die Berechnung und Deutung mit einbezogen.

Königliches Haus: das zehnte *Haus* in einem *Horoskop*.
Konzeptionshoroskop: siehe *Empfängnishoroskop*.
Kopf des Drachen: Bezeichnung für den nördlichen *Mondknoten* – Symbol der spirituellen Erfüllung und des Glücks.
Kosmogramm: anderer Begriff für *Horoskop*.
Krebs: das vierte Sternzeichen im *Tierkreis*. Die Sonne steht im Krebs vom 22. Juni bis 22. Juli. Krebs ist ein *Sommerzeichen* und hat als *Element* das *Wasser*.
Krebsmond: wird vom Mond regiert und ist ein *Wasserzeichen*. Der Geburtsmond im Sternzeichen *Krebs* deutet auf große Sensibilität und Empfindlichkeit hin, auch darauf, dass man sich leicht verunsichern lässt. Nur im eigenen Heim und in der Familie fühlt man sich geborgen und sicher.
Lichter: nennt man in der älteren Astrologie *Sonne* und *Mond*. Auch die Bezeichnungen »großes« und »kleines Licht« oder »Hauptlichter« wurden für diese beiden Himmelskörper verwendet.
Löwe: das fünfte Sternzeichen im *Tierkreis*. Die Sonne steht im Löwen vom 23. Juli bis 22. August. Löwe ist ein *Sommerzeichen* und hat als *Element* das *Feuer*.
Löwemond: wird von der Sonne beherrscht und ist ein *Feuerzeichen*. Der Geburtsmond im Sternzeichen *Löwe* deutet darauf hin, dass man stets und überall im Mittelpunkt stehen möchte. Es fällt einem solchen Menschen schwer, Aufgaben zu delegieren, denn bei allem und jedem möchte er selbst das Sagen haben.
Luft: eines der vier *Elemente*. Es symbolisiert seelische und geistige Schnelligkeit, Vernunft und geschickte Beweglichkeit. *Luftzeichen* sind *Zwillinge*, *Waage* und *Wassermann*.
Luftzeichen: *Zwillinge*, *Waage* und *Wassermann*. Sie entsprechen dem sanguinischen *Temperament*.

Malefizplaneten: wurden nach alter Überlieferung die Planeten genannt, die als unheilvoll, ungünstig und Unglück bringend gelten, vor allem *Mars* und *Saturn*.

Männliche Planeten: nennt man traditionsgemäß *Sonne*, *Saturn*, *Jupiter* und *Mars*.

Mars: nach dem römischen Kriegsgott benannter *Planet*. Er steht für Aktivität, Selbstverwirklichung, Unternehmungsgeist und Energie. Auf den Menschen übertragen, steht der Mars für Zeugungskraft und aggressive Energie. Mars wird zu den *Malefizplaneten* gerechnet.

MC: siehe *Medium Coeli*.

Medium Coeli: lat. Himmelsmitte. Die Himmelsmitte befindet sich im *Horoskop* an der Spitze des zehnten *Hauses* und zeigt die Stellung der Sonne am Mittag des Tages der Geburt an.

Meridian: auch Mittagskreis; jede Kreislinie, die sowohl durch den Süd- wie den Nordpol läuft.

Merkur: nach dem römischen Gott der Kaufleute benannter *Planet*. Er gilt als Herrscher des Verstandes, beeinflusst aber auch die menschliche Intelligenz und Urteilskraft. Merkur verhilft zu schneller Auffassungsgabe und befähigt den Menschen dazu, mit anderen zu kommunizieren. Merkur gilt als *neutraler Planet*.

Mittagskreis: siehe *Meridian*.

Mond: der zweitmächtigste der sieben alten *Planeten*. Er beherrscht die Gefühle und zeigt Veränderlichkeit, Empfindsamkeit, Sympathie und Beeinflussbarkeit an. Auch das weibliche Element im Menschen – das auch Männern innewohnt – wird vom Mond regiert.

Mondknoten: die beiden gedachten Punkte, an denen sich einerseits die Bahn des Mondes um die Erde und andererseits die Umlaufbahn der Erde um die Sonne schneiden.

Die Mondknoten sind nur fiktive Punkte und haben große esoterische Bedeutung in der *Astrologie*. Man unterscheidet den absteigenden (oder südlichen) und den aufsteigenden (oder nördlichen) Mondknoten. Der südliche Knoten (=*Schwanz des Drachen*) deutet auf die bereits eingefahrenen Verhaltensmuster eines Menschen hin, auf den Weg des geringsten Widerstands; der nördliche (=*Kopf des Drachen*) dagegen weist auf unsere spirituelle Erfüllung hin, auf das, was wir anstreben sollten. In der alten Astrologie wurde der südliche Mondknoten daher oft als negativ, der nördliche als positiv angesehen.

Mondknotenachse: auch Bewusstseinsachse; die Linie zwischen den beiden *Mondknoten*. Sie durchläuft alle Zeichen des *Zodiakus* rückwärts – also von Widder über Fische und Wassermann wieder zum Ausgangspunkt Widder.

Mondzeichen: das *Sternzeichen*, in dem der Mond bei der Geburt eines Menschen stand.

Nativität: nennt man die Angaben für Zeit und Ort der Geburt, anhand deren man ein *Horoskop* erstellt.

Neptun: einer der drei so genannten neuen *Planeten*: Neptun wurde erst im Jahr 1846 entdeckt. Er steht für das Loslassen von allem Materiellem. Er kann einerseits zu Inspiration und geistigem Genius verhelfen, führt jedoch andererseits auch zu Selbstbetrug und Flucht aus der Realität bis hin zu Illusion.

Neumond im Krebs: Positive Eigenschaft dieser Konstellation ist die Einsicht, dass alles Negative schnell vorbeigeht und dass der Wandel das einzig Beständige im Leben ist. Negativ stellen sich die Mauern dar, mit denen man sich im Laufe der langen Jahre umgibt, um nicht verletzt zu werden.

Neumond im Löwen: Positive Eigenschaft dieser Konstellation ist die Durchsetzungskraft, die aber nicht zu starren

Handlungsweisen führt. Negativ stellt sich das Gefühl von Leere und geistig-seelischer Müdigkeit dar, das einen gerade an Neumondtagen oft überkommt.

Neumond im Schützen: Positive Eigenschaft dieser Konstellation ist die Einsicht, dass man immer wieder, sowohl privat wie beruflich, einen wichtigen Schritt nach vorn gehen muss. Negativ stellt sich eine gewisse Uneinsichtigkeit dar, eigene Fehler zu erkennen, sowie die Neigung, in ihnen zu verharren.

Neumond im Skorpion: Positive Eigenschaft dieser Konstellation ist das Ausleben aller Gefühle, die sonst zu kurz kommen – Liebe, Hass und Trauer ebenso wie Freude, Rache und Verzeihen. Negativ stellt sich eine starke Neigung zu Depressionen dar.

Neumond im Steinbock: Positive Eigenschaft dieser Konstellation ist das Erkennen, was Realität und was Schein ist. Es gelingt, unbekannte Möglichkeiten auszuloten und negative Eigenschaften ins Gute umzuwandeln. Negativ stellt sich die Neigung zu Pessimismus dar, die manches verschüttet, was eigentlich möglich ist.

Neumond im Stier: Positive Eigenschaft dieser Konstellation ist die enorme Konzentrationsfähigkeit, die zu Höchstleistungen befähigt und auch dazu, Notwendiges schnell und gut zu erledigen. Negativ stellt sich das Gefühl einer übermäßigen Belastung durch Alltagsdinge dar und damit erhöhter Stress, Aufgaben zu erledigen und Konflikte zu lösen.

Neumond im Wassermann: Positive Eigenschaft dieser Konstellation ist das Begreifen und Akzeptieren der eigenen Grenzen. Negativ stellt sich dar, dass es dadurch zu einem Gefühl der Minderwertigkeit, oftmals auch zu Zynismus kommen kann.

Neumond im Widder: Positive Eigenschaft dieser Konstellation ist der Mut beim Weg durchs Leben und die mangelnde Scheu vor Neuland. Negativ stellt sich die Neigung zu Jähzorn und Wutausbrüchen dar, die oft das Gefühl von Ohnmacht und Nichtigkeit bei dem im Zorn Tobenden selbst hervorruft.

Neumond im Zwilling: Positive Eigenschaft dieser Konstellation ist das bewusste Umgehen mit Abschied und dem daraus folgenden Neuanfang auf beruflicher und privater Ebene. Negativ stellt sich die Neigung zu gedankenlosem Handeln dar, die oft mit geistiger Erstarrung und Regungslosigkeit einhergeht.

Neumond in den Fischen: Positive Eigenschaft dieser Konstellation ist die Begabung, mit kollektiven Stimmungen individuell umzugehen. Negativ stellen sich oft Irritationen dar, die zu einem Gefühl der inneren Leere führen.

Neumond in der Jungfrau: Positive Eigenschaft dieser Konstellation ist das ausgeprägte Realitätsbewusstsein. Negativ stellt sich die Fantasielosigkeit dar, die nur wenige Vorstellungen außerhalb des derzeitigen Gesichtskreises zulässt und den Menschen zur Verrichtung geistloser Tätigkeiten bringen kann.

Neumond in der Waage: Positive Eigenschaft dieser Konstellation ist die selbstverständliche Annäherung an alle Tabus und vor allem die Fähigkeit, zwischen sinnvollen und schädlichen Verboten zu unterscheiden. Negativ stellen sich die zahlreichen Missverständnisse, Ungerechtigkeiten und Streitigkeiten auf dem Lebensweg dar.

Neumondgeborene: Nach der astrologischen Lehre gelten solche Menschen als besonders dynamisch, sie sind voller Energie. Sie haben die Gabe des kindlichen Denkens, betrachten alles naiv und entscheiden vieles impulsiv. Weil die Eigenschaften des Sonnenzeichens bei Neumondgeborenen verstärkt werden, sind diese Menschen in sich gefestigt und charakterstark.

Neutraler Planet: traditionsgemäß ein *Planet*, der weder *Malefizplanet* noch *Benefizplanet* ist – also *Merkur.*

Obere Planeten: nennt man die von der Erdbahn um die Sonne aus gesehen äußeren *Planeten* – also *Mars*, *Jupiter*, *Saturn*, *Uranus*, *Neptun* und *Pluto*.

Planet: von griech. planetes = Wanderer; ein nicht selbst leuchtender Himmelskörper, der sich auf einer elliptischen Bahn um die Sonne bewegt. In unserem Sonnensystem kennen wir außer der Erde (von der Sonne nach außen gerechnet) *Merkur*, *Venus*, *Mars*, *Jupiter* und *Saturn* – die fünf alten, also frühzeitig entdeckten Planeten – sowie *Uranus*, *Neptun* und *Pluto* – die drei erst mit optischen Hilfsmitteln erkennbaren Planeten. In der *Astrologie* werden auch Sonne und Mond als Planeten bezeichnet. Jeder Planet beeinflusst das Leben auf der Erde.

Planetenjahr: beginnt am 21. März und endet im darauf folgenden Kalenderjahr am 20. März. Es beginnt also mit dem Sternzeichen *Widder*, zur Tagundnachtgleiche im Frühling, wenn die Natur zu neuem Leben erwacht. Die für die Astrologie bedeutsamen Planeten *Saturn*, *Jupiter*, *Mars*, *Sonne*, *Venus*, *Merkur* und *Mond* sind für die einzelnen Jahre bestimmend. Die *Jahresregenten* bestimmen auf ihre Weise die Ereignisse im jeweiligen Planetenjahr.

Planetenstunden: Jede Stunde des Tages wird von einem *Planeten* besonders stark beeinflusst. Die Planetenstunden wurden früher nummeriert – von Stunde 1 bis 24. Dabei ist zu beachten: Die Stunde 1 entspricht der Tageszeit von 6 bis 7 Uhr morgens, die Stunde 24 ist die letzte Nachtstunde und dauert von fünf bis sechs Uhr früh. Während der *Sommerzeit* verschieben sich die Stunden.

Die Planetenstunden

Stunde	Sonntag	Montag	Dienstag
1 (06–07)	☉ Sonne	☽ Mond	♂ Mars
2 (07–08)	♀ Venus	♄ Saturn	☉ Sonne
3 (08–09)	☿ Merkur	♃ Jupiter	♀ Venus
4 (09–10)	☽ Mond	♂ Mars	☿ Merkur
5 (10–11)	♄ Saturn	☉ Sonne	☽ Mond
6 (11–12)	♃ Jupiter	♀ Venus	♄ Saturn
7 (12–13)	♂ Mars	☿ Merkur	♃ Jupiter
8 (13–14)	☉ Sonne	☽ Mond	♂ Mars
9 (14–15)	♀ Venus	♄ Saturn	☉ Sonne
10 (15–16)	☿ Merkur	♃ Jupiter	♀ Venus
11 (16–17)	☽ Mond	♂ Mars	☿ Merkur
12 (17–18)	♄ Saturn	☉ Sonne	☽ Mond
13 (18–19)	♃ Jupiter	♀ Venus	♄ Saturn
14 (19–20)	♂ Mars	☿ Merkur	♃ Jupiter
15 (20–21)	☉ Sonne	☽ Mond	♂ Mars
16 (21–22)	♀ Venus	♄ Saturn	☉ Sonne
17 (22–23)	☿ Merkur	♃ Jupiter	♀ Venus
18 (23–24)	☽ Mond	♂ Mars	☿ Merkur
19 (00–01)	♄ Saturn	☉ Sonne	☽ Mond
20 (01–02)	♃ Jupiter	♀ Venus	♄ Saturn
21 (02–03)	♂ Mars	☿ Merkur	♃ Jupiter
22 (03–04)	☉ Sonne	☽ Mond	♂ Mars
23 (04–05)	♀ Venus	♄ Saturn	☉ Sonne
24 (05–06)	☿ Merkur	♃ Jupiter	♀ Venus

Stunde	Mittwoch	Donnerstag	Freitag	Samstag
1 (06–07)	☿ Merkur	♃ Jupiter	♀ Venus	♄ Saturn
2 (07–08)	☽ Mond	♂ Mars	☿ Merkur	♃ Jupiter
3 (08–09)	♄ Saturn	☉ Sonne	☽ Mond	♂ Mars
4 (09–10)	♃ Jupiter	♀ Venus	♄ Saturn	☉ Sonne
5 (10–11)	♂ Mars	☿ Merkur	♃ Jupiter	♀ Venus
6 (11–12)	☉ Sonne	☽ Mond	♂ Mars	☿ Merkur
7 (12–13)	♀ Venus	♄ Saturn	☉ Sonne	☽ Mond
8 (13–14)	☿ Merkur	♃ Jupiter	♀ Venus	♄ Saturn
9 (14–15)	☽ Mond	♂ Mars	☿ Merkur	♃ Jupiter
10 (15–16)	♄ Saturn	☉ Sonne	☽ Mond	♂ Mars
11 (16–17)	♃ Jupiter	♀ Venus	♄ Saturn	☉ Sonne
12 (17–18)	♂ Mars	☿ Merkur	♃ Jupiter	♀ Venus
13 (18–19)	☉ Sonne	☽ Mond	♂ Mars	☿ Merkur
14 (19–20)	♀ Venus	♄ Saturn	☉ Sonne	☽ Mond
15 (20–21)	☿ Merkur	♃ Jupiter	♀ Venus	♄ Saturn
16 (21–22)	☽ Mond	♂ Mars	☿ Merkur	♃ Jupiter
17 (22–23)	♄ Saturn	☉ Sonne	☽ Mond	♂ Mars
18 (23–24)	♃ Jupiter	♀ Venus	♄ Saturn	☉ Sonne
19 (00–01)	♂ Mars	☿ Merkur	♃ Jupiter	♀ Venus
20 (01–02)	☉ Sonne	☽ Mond	♂ Mars	☿ Merkur
21 (02–03)	♀ Venus	♄ Saturn	☉ Sonne	☽ Mond
22 (03–04)	☿ Merkur	♃ Jupiter	♀ Venus	♄ Saturn
23 (04–05)	☽ Mond	♂ Mars	☿ Merkur	♃ Jupiter
24 (05–06)	♄ Saturn	☉ Sonne	☽ Mond	♂ Mars

Pluto: einer der drei spät entdeckten *Planeten*, er wurde 1930 zum ersten Mal gesehen. Pluto gilt als Planet der Veränderung, der Säuberung und der Wiedergeburt. Beim Menschen wirkt er besonders auf das Seelenleben. Da zeigt er sich schöpferisch und zerstörerisch zugleich, denn er regiert alle Kräfte, die dem Menschen nutzen, aber auch Schaden bringen können.

Ptolemäus: auch Klaudios Ptolemaios (um 140 n. Chr.); im ägyptischen Alexandria lebender Mathematiker. Von ihm stammt das geozentrische Weltbild, nach dem sich alle *Planeten* um die Erde drehen. Ptolemäus verfasste das erste wissenschaftliche Lehrbuch der Astrologie.

Radixhoroskop: siehe *Geburtshoroskop*.

Regent: siehe *Herrscher*.

Saturn: nach dem römischen Gott des Ackerbaus benannter *Planet*. Er steht für die Fähigkeit zur Eingrenzung, zur Beschränkung und Disziplin. Saturn stimmt die menschlichen Körperenergien aufeinander ab und sorgt zudem für Besonnenheit und Zurückhaltung. Saturn wird zu den *Malefizplaneten* gezählt.

Schütze: das neunte Sternzeichen im *Tierkreis*. Die Sonne steht im Schützen vom 23. November bis zum 22. Dezember. Schütze ist ein *Herbstzeichen* und hat als *Element* das *Feuer*.

Schützemond: wird vom *Planeten Jupiter* beherrscht und ist ein *Feuerzeichen*. Der Geburtsmond im Sternzeichen Schütze deutet auf sprühende Energie hin. Zu einem solchen Zeitpunkt geborene Menschen gelten als enthusiastisch, aber etwas unsensibel und reagieren auf Provokationen aller Art sehr heftig. Interesse finden sie vor allem an Fortschritt und Wachstum.

Schwanz des Drachen: Bezeichnung für den südlichen *Mond-*

knoten. Er gilt als Symbol für das Verharren in alten Verhaltensmustern.

Skorpion: das achte Sternzeichen im *Tierkreis*. Die Sonne steht im Skorpion vom 23. Oktober bis zum 22. November. Skorpion ist ein *Herbstzeichen* und hat als *Element* das *Wasser*.

Skorpionmond: wird vom *Planeten* Pluto beherrscht und ist ein *Wasserzeichen*. Der Geburtsmond im Sternzeichen *Skorpion* lässt den Menschen kraftvoll und konzentriert wirken, jedoch auch zu Verschlossenheit und Grübeleien neigen. Das größte Interesse der im Skorpionmond Geborenen gilt finanzieller Absicherung, gleich danach steht der Wunsch, alles unter Kontrolle zu haben – im privaten wie im beruflichen Bereich.

Solarhoroskop: wird für den Zeitpunkt erstellt, an dem die *Sonne* genau die gleiche Stellung wie bei der Geburt innehat. Solarhoroskope sind stets von einem Geburtstag zum nächsten gültig.

Solstitiale Sternzeichen: siehe *tropische Sternzeichen*.

Solstitium: siehe *Sommer-* bzw. *Wintersonnenwende*.

Sommersonnenwende, auch Sommersolstitium: nennt man den Zeitpunkt, an dem sich die Sonnenmitte am Wendekreis des Krebses befindet. Das ist stets am 21. Juni.

Sommerzeichen: *Krebs*, *Löwe*, *Jungfrau*.

Sommerzeit: die Vorverlegung der *Zonenzeit* um eine Stunde. Die bessere Ausnutzung des Tageslichts soll eine Stromersparnis bewirken. Bei uns gilt die Sommerzeit wieder seit 1979; sie beginnt jeweils Ende März und endet Ende Oktober.

Sonne: in der Astrologie der beständigste und mächtigste unter den *Planeten*. Sie symbolisiert Macht, Individualität und Selbstdarstellung. Für den Menschen ist sie die ewig scheinende konstante Lebensquelle. Sie ist entscheidend für alle Möglichkeiten, die im Menschen liegen – gute wie schlechte.

Sonnenzeichen: das *Sternzeichen*, in dem die *Sonne* bei der Geburt stand.

Steinbock: das zehnte Sternzeichen im *Tierkreis*. Die Sonne steht im Steinbock vom 23. Dezember bis zum 20. Januar. Steinbock ist ein *Winterzeichen* und hat als *Element* die *Erde*.

Steinbockmond: wird vom *Planeten Saturn* regiert und ist ein *Erdzeichen*. Der Geburtsmond im Sternzeichen *Steinbock* zeigt an, dass man sehr diszipliniert und zielstrebig ist. Organisation und Planung sind die großen Vorzüge eines im Steinbock geborenen Menschen. Er lässt nur selten Gefühle nach außen dringen, positiv dagegen sind seine praktische Veranlagung und das Besitzstreben.

Sternzeichen: die einzelnen Zeichen im *Zodiakus*.

Stier: das zweite Sternzeichen im *Tierkreis*. Die Sonne steht im Stier vom 21. April bis zum 20. Mai. Stier ist ein *Frühlingszeichen* und hat als *Element* die *Erde*.

Stiermond: hat als Regenten den *Planeten Venus* und ist ein *Erdzeichen*. Der Geburtsmond im Sternzeichen *Stier* zeigt an, dass man alles im Leben eher konservativ angeht und sehr beständig ist. Das Sicherheitsbedürfnis ist stark ausgeprägt, manchmal neigt man deshalb zu Eigensinn und Sturheit. Besondere Fürsorglichkeit gegenüber Kindern ist dagegen ein besonders positiver Charakterzug.

Stundenhoroskop, auch Horarhoroskop: nennt man in der *Astrologie* ein *Horoskop*, das für die Ereignisse einer bestimmten Stunde an einem Ort erstellt wird.

Stundenregenten: Die sieben alten *Planeten* regieren abwechselnd die Stunden des Tages. Die *Planetenstunden* wurden nach einem bestimmten System eingeteilt: nicht von 0 bis 24 Uhr, sondern von Tagesanbruch bis zum Sonnenaufgang des folgenden Tages.

Synastrie: der Vergleich von zwei oder mehr *Horoskopen*, die für eine Person oder ein Ereignis zu verschiedenen Zeitpunkten erstellt wurden, und die damit verbundene Suche nach Übereinstimmungen.

Temperamente: In der *Astrologie* stimmen die vier menschlichen Temperamente mit den vier *Elementen* überein. Dabei entspricht das *Feuer* dem Choleriker, die *Erde* dem Melancholiker, die *Luft* dem Sanguiniker und das *Wasser* dem Phlegmatiker.

Tierkreis: siehe *Zodiakus*.

Tropische Sternzeichen: diejenigen Zeichen im *Zodiakus*, in deren Zeitspanne die *Sommer-* und *Wintersonnenwende* stattfinden – also *Krebs* und *Steinbock*.

Universalzeit: siehe *Weltzeit*.

Untere Planeten: nennt man die von der Erdbahn aus in Richtung Sonne inneren *Planeten* – also *Merkur* und *Venus*.

Uranus: einer der drei *Planeten*, die erst sehr spät, Uranus im Jahre 1781, entdeckt wurden. Er gilt als Symbol für drastische Veränderungen, für Erfindungsgeist, Unabhängigkeit und Originalität.

Urqualitäten: die vier Grundbestandteile Trockenheit und Feuchtigkeit sowie Wärme und Kälte, aus denen nach der antiken Naturphilosophie die vier *Elemente* entstanden sind.

Venus: nach der römischen Göttin der Liebe benannter *Planet*. Sie symbolisiert die menschliche Anziehungskraft, Schönheit und Einheit. Im körperlichen Bereich gilt sie als Gegenpol zum *Mars*. Venus ist ausschlaggebend für Harmonie und sorgt für das körperliche Wohlbefinden. Venus rechnet man zu den *Benefizplaneten*.

Vollmond im Krebs: Positive Eigenschaft dieser Konstellation ist die Ausdauer bei seelischen Konflikten, die dafür Sorge trägt, dass man bei widerstrebenden Gefühlen nicht erstarrt, sondern weiter vorangeht. Negativ stellt sich dar, dass man zu überschwänglichen Gefühlen neigt, für die man oft keinen Ansprechpartner findet.

Vollmond im Löwen: Positive Eigenschaft dieser Konstellation ist der starke Wille, mit dem man die eigenen Triebe bestens im Griff hat und gut zu lenken weiß. Negativ stellt sich dar, dass man von Unruhe beherrscht wird.

Vollmond im Schützen: Positive Eigenschaft dieser Konstellation ist der unverkrampfte Umgang mit der Wirklichkeit. Negativ stellt sich das traumverlorene Handeln dar, das zum Bau von Luftschlössern verleitet.

Vollmond im Skorpion: Positive Eigenschaft dieser Konstellation ist die Fähigkeit, selbst bei gravierenden seelisch-geistigen Verletzungen vergeben und vergessen zu können sowie Fremdartiges ohne Mühe zu akzeptieren. Negativ stellt sich eine starke Neigung zur Selbstüberschätzung dar, die zu einem Verlust jeglichen Maßes führen kann.

Vollmond im Steinbock: Positive Eigenschaft dieser Konstellation ist die Begabung, eigene Lebensgrundsätze zu finden, seine Talente zu erkennen und richtig einzusetzen. Negativ stellt sich Neigung dar, das rechte Maß für die Dinge zu verlieren.

Vollmond im Stier: Positive Eigenschaften dieser Konstellation sind die Fähigkeit zu umfassenden Lösungen und das stets offene Handeln. Negativ stellt sich dagegen dar, das man sich von Entwicklungen und Begegnungen überfordert fühlt und alte, immer wieder auftauchende Probleme nicht löst.

Vollmond im Wassermann: Positive Eigenschaft dieser Konstellation ist die Gabe, Zusammenhänge und Gegebenheiten in Beruf und Privatleben zu erkennen und daraus die entsprechenden Konsequenzen ziehen. Negativ stellt sich eine Art Selbstgefälligkeit dar, die aus zu vielen Erkenntnissen über die eigene Person und über andere resultiert.

Vollmond im Widder: Positive Eigenschaft dieser Konstellation ist die klare Einsicht in die eigenen Fähigkeiten. Negativ stellt sich das Gefühl der Allmacht und der Überheblichkeit dar.

Vollmond in den Fischen: Positive Eigenschaft dieser Konstellation ist die Fähigkeit, eigene Lebensentscheidungen und Glaubensgrundsätze zu überprüfen und infrage zu stellen und dabei sinnlos gewordene Gewohnheiten leichten Herzens aufzugeben. Negativ stellen sich Unausgeglichenheit und wahre Gefühlsstürme dar, die dazu führen können, dass man jeglichen Halt verliert.

Vollmond in den Zwillingen: Positive Eigenschaft dieser Konstellation ist die Fähigkeit, mehrgleisig zu denken und auch zu handeln, Konflikte sorglos anzugehen und schnell zu bewältigen. Negativ stellen sich daraus folgende, allzu impulsive Aktionen und vorschnelle Handlungen dar.

Vollmond in der Jungfrau: Positive Eigenschaft dieser Konstellation ist das Verständnis für andere, vor allem, wenn diese schwierige Aufgaben zu lösen haben. Negativ stellt sich die Neigung dar, alle Probleme allein angehen zu wollen und andere dabei auszuschließen oder nicht zu beachten.

Vollmond in der Waage: Positive Eigenschaft dieser Konstellation ist die Aufgeschlossenheit gegenüber echter Erweiterung des Bewusstseins. Negativ stellt sich eine Neigung zu Selbstgefälligkeit dar, dazu übermäßiger Stolz auf sich selbst und die eigenen Fähigkeiten.

Vollmondgeborene: Nach astrologischer Meinung haben solche Menschen ihr Leben oft nicht gut im Griff. Es bedarf vieler Mühen, den richtigen Lebensweg zu finden. Sie erfahren häufig Widrigkeiten – und nur weil sie mit viel Humor gesegnet sind, können sie Konflikte und Probleme eher auf die leichte Schulter nehmen.

Waage: das siebte Sternzeichen im *Tierkreis*. Die Sonne steht in der Waage vom 23. September bis zum 23. Oktober. Waage ist ein *Herbstzeichen* und hat als *Element* die *Luft*.

Waagemond: wird vom *Planeten Uranus* regiert und ist ein *Luftzeichen*. Der Geburtsmond im Sternzeichen Waage zeigt an, dass man meist selbstlos und romantisch ist. Man will Harmonie mit sich und der Umwelt erreichen und gilt daher als Schlichter und Vermittler, im negativem Sinne jedoch als harmoniesüchtig.

Wasser: eines der vier alten *Elemente*. Es symbolisiert das Streben nach Frieden und Ruhe. Äußere Macht und Geltung wird aufgegeben, um die Sehnsucht nach innerer Entwicklung und Reife zu verwirklichen. *Wasserzeichen* sind *Krebs*, *Skorpion* und *Fische*.

Wassermann: das elfte Sternzeichen im *Tierkreis*. Die Sonne steht im Wassermann vom 21. Januar bis zum 18. Februar. Wassermann ist ein *Winterzeichen* und hat als *Element* die *Luft*.

Wassermannmond: wird vom *Planeten* Uranus beherrscht und ist ein *Luftzeichen*. Der Geburtsmond im Sternzeichen Wassermann lässt eine Unterordnung unter andere kaum zu. Unabhängigkeit und Streben nach Extravaganz sind die bestimmenden Charaktereigenschaften, die zu dauernden Veränderungen führen können. Gefühlsäußerungen fallen einem solchen Menschen schwer.

Wasserzeichen: *Krebs*, *Skorpion* und *Fische*. Sie entsprechen dem phlegmatischen *Temperament*.

Weibliche Planeten: nennt man traditionsgemäß den *Mond* und die *Venus*.

Weltzeit, auch Universal Time (UT): wurde 1926 als Ersatz für die Greenwich Mean Time (GMT) eingeführt. Sie wurde aus astronomischen Beobachtungen gewonnen und entspricht etwa der mittleren Sonnenzeit am Nullmeridian durch Greenwich (Großbritannien). Für die meisten astronomischen Berechnungen wird UT1 benutzt – eine präziser berechnete Form von UT.

Widder: das Sternzeichen, mit dem das *astrologische Jahr* beginnt. Die Sonne steht im Widder vom 21. März bis zum 20. April. Widder ist ein *Frühlingszeichen* und hat als *Element* das *Feuer*.

Widdermond: wird vom *Planeten* Mars regiert und ist ein *Feuerzeichen*. Der Geburtsmond im Sternzeichen *Widder* deutet an, dass man Führungseigenschaften und Pioniergeist besitzt. Reichtümer im Leben sind nicht so wichtig, das Familienleben hat einen höheren Stellenwert. Wer im Widdermond geboren ist, gilt als leicht erregbar und neigt zu impulsivem Verhalten.

Wintersonnenwende: auch Wintersolstitium; nennt man den Zeitpunkt, an dem sich die Sonnenmitte am Wendekreis des *Steinbocks* befindet. Das ist am 21. Dezember.

Winterzeichen: *Steinbock*, *Wassermann*, *Fische*.

Zodiakus: auch Tierkreis; ein Bereich am Himmel, durch den sich die Bahnen von Sonne, Mond und Planeten ziehen. Hier finden sich die zwölf Sternbilder, die so genannten Tierkreiszeichen.

Zonenzeit: Schon Ende des 19. Jahrhunderts hat man auf der ganzen Erde nach und nach eine einheitliche Zeitmessung eingeführt. Man unterteilte den Globus dazu in 24 Zonen zu je 15 Grad geografischer Länge. Den Anfang bildet der Meridian von Greenwich in England – dieser nullte Längengrad bestimmt auch die *Weltzeit*.

Zweideutiger Planet: traditionsgemäß ein *Planet*, der weder männlich noch weiblich ist – also der *Merkur*.

Zwillinge: das dritte Sternzeichen im *Tierkreis*. Die Sonne steht in den Zwillingen vom 21. Mai bis zum 21. Juni. Zwillinge ist ein *Frühlingszeichen* und hat als *Element* die *Luft*.

Zwillingsmond: wird vom *Planeten Merkur* regiert und ist ein *Luftzeichen*. Der Geburtsmond im Sternzeichen Zwillinge sagt deutlich, dass man vor Energie geradezu platzt – oft neigt man deshalb zu Hektik. Der Wissensdrang ist enorm, außerdem ist man meist sehr schlagfertig. Wenig Interesse zeigt man an langfristigen Bindungen und allzu viel Sicherheitsdenken.

Kapitel 4

Der Mond: Wetterkunde

Uralt ist die Erfahrung der Menschen, dass der Mond das Wetter beeinflusst. Jahrtausende lang beobachtete man den Erdtrabanten und fand heraus: Wind und Wolken, Regen und Sonnenschein hängen eng damit zusammen, in welcher Phase der Mond gerade steht, welches Tierkreiszeichen er auf seiner Bahn um die Erde durchwandert und wie er sich uns zeigt – als klare und scharf umrissene Sichel etwa oder dunstig verschleiert mit seinem so genannten Hof.

Bis heute gilt: Jeder, der auf dem Lande arbeitet, ist vom Wetter abhängig. Für jeden Bauern und Gärtner ist es wichtig, wenigstens ungefähr zu wissen, wann mit Kälte und Hitze, mit Regen und Sturm, mit Schnee und Eis zu rechnen ist. Wer die Saat zu früh ausbringt, riskiert, dass ein Kälteeinbruch alles erfrieren lässt; wer mit der Ernte zu lange wartet, muss der Gefahr gewärtig sein, dass ein Unwetter mit Hagelschlag alles vernichtet. Auch die Pflege der Felder und Äcker hängt natürlich vom Wetter ab: Der richtige Zeitpunkt für die Düngung und Ungezieferbekämpfung ist genauso wichtig wie das Beschneiden der Rosen oder das Aufbinden der Reben. Das hat sich in den Jahrtausenden seit Beginn des Ackerbaus nicht geändert. Nur wenn die Witterungsbedingungen stimmen, wird die Ernte gut und reichlich ausfallen.
Es ist kein Wunder, dass gerade der Mond bei der Wetterdeutung eine so wichtige Rolle spielt. Viele Landwirte holen

sich den Wetterbericht vom Himmel: Ein geübter Blick ans Firmament genügt für eine Prophezeiung. Neben dem Mond zeigen auch Wind und Wolken an, wie das Wetter sich entwickelt. Dass Wind und Wetter zusammenhängen, ist ebenfalls schon sehr lange bekannt. Luft bewegt sich ja nur dann, wenn eine bestimmte Kraft auf sie einwirkt. Sie strömt, von einem Gebiet mit höherem zu einem mit niedrigerem Luftdruck. Meteorologen bezeichnen solche Luftdruckgebiete als Hoch und Tief. Je stärker der Luftdruckunterschied ist, desto stärker weht der Wind. Das wirkt sich natürlich auf unser Wetter aus. Wind und Wolken wiederum hängen nach altem bäuerlichen Wissen mit dem Mond zusammen.

Durch langjährige Beobachtungen haben sich Wetterregeln entwickelt, die wir als Bauernregeln kennen und in unserer modernen und technisierten Zeit nicht mehr recht ernst nehmen. Fälschlicherweise, wie sich nach neueren Forschungen zeigt: Denn so manche ländliche Weisheit wird durch die Meteorologie bestätigt. Zum Teil legte man die Wetterregeln früher schriftlich nieder, zum Teil wurden sie nur mündlich überliefert. Die ältesten Wettersprüche reichen etwa 6000 Jahre zurück: Sie wurden in Keilschrift auf eine Tontafel geritzt und stammen aus der Bibliothek des assyrischen Königs Assurbanipal, der etwa 700 Jahre vor unserer Zeitrechnung lebte. Die Sprüche sagen zum Beispiel aus: »Gibt es am Tag des Neumondes ein Unwetter, so ist eine erfolgreiche Ernte zu erwarten.« Oder: »Wenn ein Sonnenring die Wolke umgibt, wird Regen fallen.« Und: »Wenn eine Wolke am Himmel dunkel erscheint, wird Wind blasen.«

Im Altertum verehrte man Sonne, Mond und Sterne als Gottheiten. Man glaubte fest daran, dass sie das Alltagsleben beeinflussten und dass alles von diesen Göttern und ihren Launen abhing: Waren sie wütend auf die Menschen, konnten sie durch ein Unwetter die Ernte auf einen Schlag zunichte machen. Sorgten sie dagegen für genügend Regen zur richtigen Zeit, konnte die Saat keimen und gut gedeihen. Der Glaube, dass Dämonen, Geister und Götter ihre Stimmungen durch Sonne oder Unwetter kundtun, hielt sich lange. Und man versuchte, die Götter durch Rituale positiv zu stimmen und die Dämonen zu vertreiben. Aus solchen Riten entstanden viele christliche Feste: zum Beispiel der katholische Fronleichnamstag mit seinen Prozessionen, bei denen man auch Schutz vor Unwetter erbittet – in christlicher Zeit bei den entsprechenden Heiligen, in heidnischen Tagen bei der Großen Kornmutter.

Von Generation zu Generation weitergegeben, wurden die Wetterregeln immer wieder überprüft. Später brachte man sie dann mit bestimmten Heiligenfesten in Verbindung und fasste sie in volkstümlichen Versen zusammen – so konnte man sie besser im Gedächtnis behalten. Der »Hundertjährige Kalender«, der auf den Wetterbeobachtungen des fränkischen Abts Mauritius Knauer (1613–1664) beruht, ist zwar erst gut 300 Jahre alt, aber in ihm sind all die alten Traditionen gesammelt enthalten. Wissenschaftlich genaue Aufzeichnung in Wetterstationen und meteorologischen Instituten kennt man erst seit etwa 120 Jahren. Die Meteorologen in den Wetterämtern können sich heute zwar nach genauen Messdaten richten, die ihnen per Satellit zugespielt und die vom Computer ausgewertet werden. Aber selbst diese Wetterexperten und Fachleute wissen: Die bäuerlichen Mondregeln gab und gibt es nicht grundlos.

Der Meteorologe Horst Mahlberg hat sich in seinem Buch »Bauernregeln – Aus meteorologischer Sicht« mit vielen Bauernregeln genauer befasst. Er stellte zum Beispiel fest: Wie so viele andere, hat auch die alte Wetterprophezeiung »Wenn der Mond hat einen Ring, folgt der Regen allerding« durchaus ihre Berechtigung. Der Halo – so nennt man den Ring oder auch Hof um den Mond – tritt nämlich meist auf, wenn Westwind herrscht. Tiefdruckgebiete ziehen dabei von Westen nach Osten, und sie bringen in vielen Fällen Regen, heftige Schauer, ja sogar Orkanböen.

Selbst wenn die Meteorologie in den vergangenen Jahrzehnten Fortschritte gemacht hat und die Wettervorhersagen immer präziser werden: Mehr als drei bis vier Tage genauer Prophezeiung sind meist nicht möglich, auch wenn man Großwetterlagen besser einschätzen kann als früher. Vielen Landwirten und Gärtnern genügt auch heute noch ein Blick zum Himmel, um das Wetter zu deuten. Auch Seefahrer und Jäger können das Wetter aus ihrer reichhaltigen Erfahrung bestimmen – nach dem Mond.

Unsere Ahnen wussten noch nichts von den wissenschaftlich-physikalischen Umständen des Wetters. Dennoch lagen sie mit ihren Wetterregeln richtig. Viele sind nämlich nicht an bestimmte Tage oder Daten gebunden, sondern an gewisse Zyklen, die in Mitteleuropa seit sehr langer Zeit bekannt sind. Das Zusammenspiel verschiedener Ursachen beim Wetter ist bei uns sehr ausgeprägt – das macht unser Wetter veränderlicher und abwechslungsreicher als in anderen Regionen. In manchen Gebieten auf der Erde regnet es über Monate hinweg jeden Tag zur gleichen Zeit, völlig unabhängig davon, wie das Wetter bis zu diesem Zeitpunkt gewesen ist. Die einheimische Bevölkerung weiß ganz genau, wann zum Beispiel Sommer- oder Wintermonsun einsetzen werden. Dabei ist die Zeitangabe für das Eintreffen dieser Regenperiode sehr exakt – auch ohne meteorologische Wettervorhersage.

Der Abt Mauritius Knauer, der die Grundlage für den später vom Arzt Ch. von Hellwig erstellten 100-jährigen Kalender schuf, wusste genau: Das Wetter wiederholt sich nicht einfach jedes Jahrhundert aufs Neue, selbst wenn viele fälschlicherweise glauben, Knauer habe dies mit seinem Kalender sagen wollen. Der Wettermönch hat seine Aufzeichnungen damals jedoch ganz anders genannt: nämlich »immer währender Wirtschaftskalender«. Seine detaillierten Beobachtungen zeigen: Alle sieben Jahre ist ein großer Planetenzyklus abgeschlossen, alle sieben Jahre ändert sich das Wetter – ein neuer Zyklus beginnt. Das Wetter von jedem Jahr, jedem Tag, jeder Stunde des Tages ist einem der sieben altbekannten Planeten unterworfen, darunter auch dem Mond.

Die Jahre bis 2020 stehen unter dem Einfluss der folgenden Planeten:

	♄	♃	♂	☉	♀	☿	☽
Jahr	2000	2001	2002	2003	2004	2005	2006
	2007	2008	2009	2010	2011	2012	2013
	2014	2015	2016	2017	2018	2019	2020

Die Planetenstunden, also die Stunden des Tages, die unter dem besonders starken Einfluss eines Planeten stehen, wurden früher von Stunde 1 bis Stunde 24 benannt. Dabei ist zu beachten: Die Stunde 1 entspricht der Tageszeit von 6 bis 7 Uhr morgens, die Stunde 24 ist die letzte Nachtstunde und dauert von 5 bis 6 Uhr früh. Während der Sommerzeit verschieben sich die Stunden nochmals.

Die Planetenstunden

Stunde	Sonntag	Montag	Dienstag
1 (06–07)	☉ Sonne	☽ Mond	♂ Mars
2 (07–08)	♀ Venus	♄ Saturn	☉ Sonne
3 (08–09)	☿ Merkur	♃ Jupiter	♀ Venus
4 (09–10)	☽ Mond	♂ Mars	☿ Merkur
5 (10–11)	♄ Saturn	☉ Sonne	☽ Mond
6 (11–12)	♃ Jupiter	♀ Venus	♄ Saturn
7 (12–13)	♂ Mars	☿ Merkur	♃ Jupiter
8 (13–14)	☉ Sonne	☽ Mond	♂ Mars
9 (14–15)	♀ Venus	♄ Saturn	☉ Sonne
10 (15–16)	☿ Merkur	♃ Jupiter	♀ Venus
11 (16–17)	☽ Mond	♂ Mars	☿ Merkur
12 (17–18)	♄ Saturn	☉ Sonne	☽ Mond
13 (18–19)	♃ Jupiter	♀ Venus	♄ Saturn
14 (19–20)	♂ Mars	☿ Merkur	♃ Jupiter
15 (20–21)	☉ Sonne	☽ Mond	♂ Mars
16 (21–22)	♀ Venus	♄ Saturn	☉ Sonne
17 (22–23)	☿ Merkur	♃ Jupiter	♀ Venus
18 (23–24)	☽ Mond	♂ Mars	☿ Merkur
19 (00–01)	♄ Saturn	☉ Sonne	☽ Mond
20 (01–02)	♃ Jupiter	♀ Venus	♄ Saturn
21 (02–03)	♂ Mars	☿ Merkur	♃ Jupiter
22 (03–04)	☉ Sonne	☽ Mond	♂ Mars
23 (04–05)	♀ Venus	♄ Saturn	☉ Sonne
24 (05–06)	☿ Merkur	♃ Jupiter	♀ Venus

Stunde	Mittwoch	Donnerstag	Freitag	Samstag
1 (06–07)	☿ Merkur	♃ Jupiter	♀ Venus	♄ Saturn
2 (07–08)	☽ Mond	♂ Mars	☿ Merkur	♃ Jupiter
3 (08–09)	♄ Saturn	☉ Sonne	☽ Mond	♂ Mars
4 (09–10)	♃ Jupiter	♀ Venus	♄ Saturn	☉ Sonne
5 (10–11)	♂ Mars	☿ Merkur	♃ Jupiter	♀ Venus
6 (11–12)	☉ Sonne	☽ Mond	♂ Mars	☿ Merkur
7 (12–13)	♀ Venus	♄ Saturn	☉ Sonne	☽ Mond
8 (13–14)	☿ Merkur	♃ Jupiter	♀ Venus	♄ Saturn
9 (14–15)	☽ Mond	♂ Mars	☿ Merkur	♃ Jupiter
10 (15–16)	♄ Saturn	☉ Sonne	☽ Mond	♂ Mars
11 (16–17)	♃ Jupiter	♀ Venus	♄ Saturn	☉ Sonne
12 (17–18)	♂ Mars	☿ Merkur	♃ Jupiter	♀ Venus
13 (18–19)	☉ Sonne	☽ Mond	♂ Mars	☿ Merkur
14 (19–20)	♀ Venus	♄ Saturn	☉ Sonne	☽ Mond
15 (20–21)	☿ Merkur	♃ Jupiter	♀ Venus	♄ Saturn
16 (21–22)	☽ Mond	♂ Mars	☿ Merkur	♃ Jupiter
17 (22–23)	♄ Saturn	☉ Sonne	☽ Mond	♂ Mars
18 (23–24)	♃ Jupiter	♀ Venus	♄ Saturn	☉ Sonne
19 (00–01)	♂ Mars	☿ Merkur	♃ Jupiter	♀ Venus
20 (01–02)	☉ Sonne	☽ Mond	♂ Mars	☿ Merkur
21 (02–03)	♀ Venus	♄ Saturn	☉ Sonne	☽ Mond
22 (03–04)	☿ Merkur	♃ Jupiter	♀ Venus	♄ Saturn
23 (04–05)	☽ Mond	♂ Mars	☿ Merkur	♃ Jupiter
24 (05–06)	♄ Saturn	☉ Sonne	☽ Mond	♂ Mars

Auch der Stand des Mondes hat natürlich Einfluss auf unser Wetter. Vor allem bei Neumond ist dies von Bedeutung: Die Stunde, in der er auftritt, ist entscheidend für das Wetter im kommenden Monat. Aber auch der Vollmond kann fürs Wetter wichtig sein. Besagt doch eine alte Bauernregel: »Vollmond verschluckt die Wolken« – das heißt, das Wetter wird wieder schön und klar.

Für unser Empfinden steht der Mond mindestens einen Tag, manchmal sogar drei Tage beziehungsweise Nächte lang als Vollmond am Himmel. Ebenso lang erscheint uns zuweilen die Zeit, in der wir ihn als Neumond nicht entdecken. Streng errechnet und bemessen ist aber nur ein paar Minuten lang wirklich Vollmond oder Neumond. In der nachfolgenden Tabelle sind diese Zeiten für die Jahre 2000 bis 2010 nach mitteleuropäischer Zeit angegeben. Für die Sommerzeit muss an den entsprechenden Tagen noch eine Stunde hinzu gezählt werden.

Neumond- und Vollmondzeiten von 2000 bis 2010

Jahr	Neumond	Uhrzeit	Vollmond	Uhrzeit
2000	06. 01.	19:15	21. 01.	05:42
	05. 02.	14:04	19. 02.	17:28
	06. 03.	06:18	20. 03.	05:45
	04. 04.	19:13	18. 04.	18:43
	04. 05.	05:13	18. 05.	08:35
	02. 06.	13:15	16. 06.	23:28
	01. 07.	20:21	16. 07.	14:56
	31. 07.	03:26	15. 08.	06:14
	29. 08.	11:20	13. 09.	20:38

Jahr	Neumond	Uhrzeit	Vollmond	Uhrzeit
2000	27. 09.	20:54	13. 10.	09:54
	27. 10.	08:59	11. 11.	22:16
	26. 11.	00:12	11. 12.	10:04
	25. 12.	18:23	—	—
2001	—	—	09. 01.	21:25
	24. 01.	14:08	08. 02.	08:13
	23. 02.	09:22	09. 03.	18:24
	25. 03.	02:21	08. 04.	04:21
	23. 04.	16:25	07. 05.	14:54
	23. 05.	03:46	06. 06.	02:39
	21. 06.	12:57	05. 07.	16:04
	20. 07.	20:44	04. 08.	06:56
	19. 08.	03:55	02. 09.	22:42
	17. 09.	11:27	02. 10.	14:50
	16. 10.	20:23	01. 11.	06:40
	15. 11.	07:41	30. 11.	21:50
	14. 12.	21:47	30. 12.	11:40
2002	13. 01.	14:28	28. 01.	23:52
	12. 02.	08:40	27. 02.	10:18
	14. 03.	03:02	28. 03.	19:25
	12. 04.	20.21	27. 04.	04:00
	12. 05.	11:45	26. 05.	12:50
	11. 06.	00:48	24. 06.	22:43
	10. 07.	11:25	24. 07.	10:06
	08. 08.	20:16	22. 08.	23:29
	07. 09.	04:11	21. 09.	14:59
	06. 10.	12:17	21. 10.	08:21

Jahr	Neumond	Uhrzeit	Vollmond	Uhrzeit
2002	04. 11.	21:36	20. 11.	02:35
	04. 12.	08:34	19. 12.	20:10
2003	02. 01.	21:24	18. 01.	11:48
	01. 02.	11:48	17. 02.	00:51
	03. 03.	03:36	18. 03.	11:36
	01. 04.	20:20	16. 04.	20:37
	01. 05.	13:16	16. 05.	04:36
	31. 05.	05:20	14. 06.	12:16
	29. 06.	19:39	13. 07.	20:21
	29. 07.	07:53	12. 08.	05:48
	27. 08.	18:26	10. 09.	17:36
	26. 09.	04:09	10. 10.	08:28
	25. 10.	13:50	09. 11.	02:14
	24. 11.	00:00	08. 12.	21:37
	23. 12.	10:43	—	—
2004	—	—	07. 01.	16:40
	21. 01.	22:05	06. 02.	09:47
	20. 02.	10:18	07. 03.	00:15
	20. 03.	23:41	05. 04.	12:03
	19. 04.	14:21	04. 05.	21:34
	19. 05.	05:52	03. 06.	05:20
	17. 06.	21:27	02. 07.	12:09
	17. 07.	12:24	31. 07.	19:06
	16. 08.	02:24	30. 08.	03:22
	14. 09.	15:29	28. 09.	14:09
	14. 10.	03:48	28. 10.	04:07
	12. 11.	15:27	26. 11.	21:08

Jahr	Neumond	Uhrzeit	Vollmond	Uhrzeit
2004	12. 12.	02:29	26. 12.	16:06
2005	10. 01.	13:03	25. 01.	11:32
	08. 02.	23:29	24. 02.	05:54
	10. 03.	10:10	25. 03.	21:59
	08. 04.	21:32	24. 04.	11:07
	08. 05.	09:46	23. 05.	21:18
	06. 06.	22:55	22. 06.	05:14
	06. 07.	13:03	21. 07.	12:00
	05. 08.	04:05	19. 08.	18:53
	03. 09.	19:45	18. 09.	03:01
	03. 10.	11:28	17. 10.	13:14
	02. 11.	02:25	16. 11.	01:58
	01. 12.	16:01	15. 12.	17:16
	31. 12.	04:12	—	—
2006	—	—	14. 01.	10:49
	29. 01.	15:15	13. 02.	05:44
	28. 02.	01:31	15. 03.	00:36
	29. 03.	11:15	13. 04.	17:40
	27. 04.	20:44	13. 05.	07:51
	27. 05.	06:26	11. 06.	19:04
	25. 06.	17:05	11. 07.	04:02
	25. 07.	05:31	09. 08.	11:54
	23. 08.	20:10	07. 09.	19:42
	22. 09.	12:45	07. 10.	04:13
	22. 10.	06:14	05. 11.	13:59
	20. 11.	23:18	05. 12.	01:25
	20. 12.	15:01	—	—

Jahr	Neumond	Uhrzeit	Vollmond	Uhrzeit
2007	—	—	03. 01.	14:57
	19. 01.	05:01	02. 02.	06:45
	17. 02.	17:14	04. 03.	00:18
	19. 03.	03:43	02. 04.	18:15
	17. 04.	12:36	02. 05.	11:09
	16. 05.	20:27	01. 06.	02:04
	15. 06.	04:13	30. 06.	14:49
	14. 07.	13:05	30. 07.	01:48
	13. 08.	00:04	28. 08.	11:35
	11. 09.	13:44	26. 09.	20:45
	11. 10.	06:01	26. 10.	05:52
	10. 11.	00:03	24. 11.	15:30
	09. 12.	18:40	24. 12.	02:16
2008	08. 01.	12:37	22. 01.	14:35
	07. 02.	04:45	21. 02.	04:31
	07. 03.	18:14	21. 03.	19:40
	06. 04.	04:55	20. 04.	11:26
	05. 05.	13:18	20. 05.	03:11
	03. 06.	20:23	18. 06.	18:31
	03. 07.	03:19	18. 07.	08:59
	01. 08.	11:13	16. 08.	22:17
	30. 08.	20:58	15. 09.	10:14
	29. 09.	09:12	14. 10.	21:03
	29. 10.	00:14	13. 11.	07:17
	27. 11.	17:55	12. 12.	17:37
	27. 12.	13:22	—	—
2009	—	—	11. 01.	04:27

Jahr	Neumond	Uhrzeit	Vollmond	Uhrzeit
2009	26. 01.	08:55	09. 02.	15:49
	25. 02.	02:35	11. 03.	03:38
	26. 03.	17:06	09. 04.	15:56
	25. 04.	04:23	09. 05.	05:02
	24. 05.	13:11	07. 06.	19:13
	22. 06.	20:35	07. 07.	10:22
	22. 07.	03:35	06. 08.	01:55
	20. 08.	11:02	04. 09.	17:03
	18. 09.	19:44	04. 10.	07:10
	18. 10.	06:33	02. 11.	20:14
	16. 11.	20:14	02. 12.	08:31
	16. 12.	13:02	31. 12.	20:13
2010	15. 01.	08:11	30. 01.	07:18
	14. 02.	03:51	28. 02.	17:38
	15. 03.	22:01	30. 03.	03:26
	14. 04.	13:29	28. 04.	13:19
	14. 05.	02:04	28. 05.	00:07
	12. 06.	12:15	26. 06.	12:30
	11. 07.	20:41	26. 07.	02:37
	10. 08.	04:08	24. 08.	18:05
	08. 09.	11:30	23. 09.	10:17
	07. 10.	19:45	23. 10.	02:37
	06. 11.	05:52	21. 11.	18:28
	05. 12.	18:36	21. 12.	09:14

Kommt es zu einer Sonnen- oder Mondfinsternis, herrschen ganz eigene Wetterregeln. Gleichgültig, ob der gerade gültige Jahresregent als trocken oder feucht gilt: Eine Sonnenfinsternis behindert die Wirkung der Planeten. Sie verursacht zunächst eine Zeit der Feuchtigkeit, danach aber trockenes und warmes Wetter. Je länger eine Sonnenfinsternis dauert, desto länger hält auch das direkt nachfolgende Regenwetter und die daraus folgende Trockenzeit an. Umgekehrt gilt dies natürlich auch: Je kürzer eine Sonnenfinsternis, desto kürzer die Wetterfolgen. Aus der nachfolgenden Tabelle können Sie die Sonnenfinsternisse bis zum Jahr 2012 ablesen:

Sonnenfinsternisse von 2000 bis 2010

Jahr	Datum	Typ	sichtbar in
2000	05. Februar	partiell	Antarktis
	01. Juli	partiell	Südpazifik, Südamerika
	31. Juli	partiell	Nordasien, Nordamerika
	25. Dezember	partiell	Nord- und Mittelamerika
2001	21. Juni	total	Südamerika, Afrika
	14. Dezember	Ringform	Nord- und Mittelamerika
2002	11. Juni	Ringform	Asien, Australien, Nordamerika
	04. Dezember	total	Afrika, Antarktis, Indonesien, Australien
2003	31. Mai	Ringform	Europa, Asien, Nordamerika
	24. November	total	Australien, Neuseeland, Antarktis, Südamerika
2004	19. April	partiell	Antarktis, Afrika

Jahr	Datum	Typ	sichtbar in
	14. Oktober	partiell	Asien, Hawaii, Alaska
2005	08. April	partiell	Neuseeland, Nord- und Südamerika
	03. Oktober	Ringform	Europa, Afrika, Asien
2006	29. März	total	Afrika, Europa, Asien
	22. September	Ringform	Südamerika, Afrika, Antarktis
2007	19. März	partiell	Asien, Alaska
	11. September	partiell	Südamerika, Antarktis
2008	07. Februar	Ringform	Antarktis, Australien, Neuseeland
	01. August	total	Nordamerika, Europa, Asien
2009	26. Januar	Ringform	Afrika, Antarktis, Asien, Australien
	22. Juli	total	Asien, Pazifik, Hawaii
2010	15. Januar	Ringform	Afrika, Asien
	11. Juli	total	Südamerika

Quelle: NASA

Die Mondfinsternisse beeinflussen ebenfalls die natürliche Wirkung der Jahresplaneten. Aber sie haben eine viel schwächere Wirkung als eine Sonnenfinsternis. Sie dauern zwar länger (bis zu dreieinhalb Stunden), dennoch ist ihre Wirkung auf das Wetter kürzer: nicht länger als dreieinhalb Monate. Nachfolgender Tabelle können Sie die Mondfinsternisse bis zum Jahr 2012 entnehmen:

Mondfinsternisse von 2000 bis 2012

Jahr	Datum
2000	21. Januar
	16. Juli
2001	09. Januar
	05. Juli
	30. Dezember
2002	26. Mai
	24. Juni
	20. November
2003	16. Mai
	09. November
2004	04. Mai
	28. Oktober
2005	24. April
	17. Oktober
2006	14. März
	07. September
2007	04. März
	28. August
2008	21. Februar
	16. August
2009	09. Februar
	07. Juli
	31. Dezember
2010	26. Juni
	21. Dezember
2011	15. Juni
	10. Dezember
2012	04. Juni
	28. November

Quelle: NASA

Für die Zeit der Mondfinsternis gibt es übrigens einen ganz speziellen Ratschlag aus dem alten Bauernkalender: »Eine Mondfinsternis wird meist von Winden, nur selten von Regen begleitet.« Wissenschaftliche Beobachtungen haben das längst bestätigt: Das Wetter nach einer Mondfinsternis ist oft stürmisch.

Lexikon von A–Z

Abendrot: Abends steht die Sonne nahe am Horizont, daher haben ihre Strahlen einen sehr langen Weg durch die Atmosphäre bis zum Betrachter zurückzulegen. Ist der Himmel blau und wolkenfrei, wird die blaue Strahlung auf ihrem längeren Weg fast völlig absorbiert: Übrig bleibt das langwellige Licht: Für unser Auge werden Sonne, Wolken oder auch Berge feurig rot. Beim Abendrot ist viel feuchte Luft vorhanden. Doch diese kann sich während der Nacht, wenn die Luft sich abkühlt, in Bodennähe absetzen – zum Beispiel als Tau. Ist dann am nächsten Morgen wieder ein klarer Sonnenaufgang zu sehen, kann man sicher sein: Das Wetter bleibt schön.

Abnehmender Mond und bewölkter Morgen: verheißen einen schönen Nachmittag.

Alpenglühen: An manchen Abenden zeigt sich der Sonnenuntergang in dramatischen Farben. Im Bergland spricht man von Alpenglühen, wenn die im Westen gelegenen Hänge glutrot gefärbt erscheinen. Wie auch ein wundervoller, tief blauer Himmel, der zudem noch gute Fernsicht bietet, ist dies häufig das erste Anzeichen für eine Wetterverschlechterung.

Bedeckter Himmel bei Neumond: Anzeichen für Regen.

Beständiges Wetter: kündigt sich an, wenn am sechsten Tag des Mondes das gleiche Wetter wie am vierten Tag ist.

Bewölkter Morgen bei abnehmendem Mond: verheißt einen schönen Nachmittag.

Blasse untere Hälfte der Mondsichel in den ersten Tagen nach Neumond: Anzeichen für schlechtes und stürmisches Wetter noch vor Vollmond.

Blauer Himmel: Das Licht der Sonne besteht aus allen Farben des Regenbogens, den Spektralfarben, die in ihrer Summe ein reines Weiß ergeben. Durch feinste Teilchen in der Luft wird das Licht »gestreut«. Da blaue, kurzwellige Strahlen stärker gestreut werden als rote, langwellige, ist an einem klaren Tag ein leuchtend blauer Himmel zu sehen. Ein günstigeres Anzeichen für eine Schönwetterperiode ist es, wenn der Himmel morgens kein tiefes Blau zeigt, sondern eher eine staubig-blaue Färbung aufweist: Dann ist Beständigkeit angesagt. Geht der leichte Dunst allerdings in diesige Sicht über, so ist dem Wetterkundigen klar: Immer geringere Sichtweite kennzeichnet ein aufziehendes *Tiefdruckgebiet*.

Blauer Mond: zwei Vollmonde in einem Monat; zeigt immer eine Überschwemmung an.

Diesige Sicht: Geht ein leichter sommerlicher *Dunst* in diesige Sicht über, ist das ein deutliches Anzeichen für ein kommendes *Tiefdruckgebiet*.

Drittes Mondviertel in Rückenlage: die äußere Rundung des abnehmenden Mondes zeigt überwiegend zur Erde; deutet auf Regen hin.

Dunkle Wolken ohne Regen im letzten Mondviertel: weisen auf lang anhaltende Trockenheit hin.

Dunkler unterer Teil der Mondsichel an den ersten Tagen nach Neumond: Anzeichen für schlechtes und stürmisches Wetter noch vor Vollmond.

Dunst: bodennahe, feuchte Luftschichten, die sich zu *Schönwetterwolken* entwickeln können.

Dunst unterm Halbmond: gilt als Anzeichen für bald aufkommenden Wind.

Fahler Mond: Anzeichen für Regen.

Fahles Mondlicht um den zunehmenden Halbmond: Anzeichen für stürmisches Wetter um Vollmond.

Fünfter Tag nach Neumond: Seefahrer rechnen mit Stürmen.

Gewitter: entstehen oft zwei Tage nach Vollmond. Sie künden dann lang anhaltenden Regen an.

Größe des Mondhofes: zeigt den Zeitpunkt von Regen oder Schnee an – je größer der Hof des Mondes ist, desto früher wird es regnen oder schneien. Überstrahlt jedoch der Mond seinen Hof, kommt kein schlechtes Wetter.

Großwetterlage: wichtig für die langfristige Wettervorhersage. Sie bezeichnet eine Wetterlage, die für längere Zeit und oft auch eine größere Region bestimmend für den allgemeinen Charakter der Witterung ist. Wenige Tage zeigen an, wie das Wetter in der nächsten Zeit sein wird. Moderne Meteorologen kennen folgende Großwetterlagen:

Großwetterlagen

Hochwinter bis zur zweiten Januarhälfte	Siebenschläfer um den 27. Juni
Eisheilige vom 11. bis 15. Mai	Hundstage von Ende Juli bis Ende August
Schafskälte um Mitte Juni	Altweibersommer im September

Halbmond durch Dunst verschleiert: kündet Regen an.

Halbmond in aufrechter Lage und zugleich Nordwind: zeigt an, dass bald Westwinde kommen und es bis zum Ende des Mondzyklus' stürmisch bleibt.

Halbmond mit Dunst: gilt als Anzeichen für Windaufkommen.

Halbmond mit fahlem Licht: Anzeichen für stürmisches Wetter um Vollmond.

Halo: Mit diesem Ausdruck bezeichnen Meteorologen Ringe um den Mond (oder auch die Sonne). Man unterscheidet *Höfe* und Kränze sowie *echte Halos*.

Halos, echte: weite farbige Ringe um Sonne und Mond. Sie entstehen, wenn weißes Licht in dünnen Wolkenschichten, die aus Eiskristallen bestehen, in seine Spektralfarben zerlegt wird. Das Licht bricht sich in den Kristallen. Siehe im Vergleich: *Höfe*.

Hochdruckgebiet: ein Gebiet, in dem hoher Luftdruck herrscht. Hochdruckgebiete bringen oft, aber nicht immer Sonnenschein – es kann durchaus auch trübes, bewölktes Wetter vorherrschen.

Höfe: sind farbige Ringe, die an Wolken nahe Mond oder Sonne im durchscheinenden Licht sichtbar werden. Sie entstehen dadurch, dass das Licht von Sonne oder Mond in den Wassertropfen nicht sehr mächtiger Wolken in seine Farben zerlegt wird. Das Licht bricht sich in Wassertropfen. Zum Vergleich siehe *Halos, echte*.

Hundertjähriger Kalender: das Wettertagebuch des Abtes Mauritius *Knauer*. Er selbst hat übrigens diesen Namen nicht erfunden, er nannte seine Aufzeichnungen den »immer währenden praktischen Wirtschaftskalender«. Die Bezeichnung »Hundertjähriger Kalender« entstand erst etwa 40 Jahre nach Knauers Tod. Da erschienen die ersten Ausgaben seines Kalenders unter der heute bekannten Bezeichnung: In Erfurt verwandelte der Arzt Dr. Hellwig im Jahre 1701 den »immerwährenden« in einen »hundertjährigen« Kalender – wohl weil er als Verleger ahnte, dass die Zahl 100 für viele Menschen viel endloser klang als die ursprüngliche Bezeichnung. Und dass sich der Erfolg deshalb umso nachhaltiger einstellen würde. Hellwig hat Recht behalten – selbst wenn der »Hundertjährige« immer umstritten war und oft als Aberglaube und Unfug abgetan wurde, ist er bis heute sehr begehrt.

Jahreszeiten: Kalendarisch kennen wir vier Jahreszeiten: Frühling (Beginn am 21. März), Sommer (Beginn am 21. Juni), Herbst (Beginn am 23. September) und Winter (Beginn am 21. Dezember). Daneben kennt man – nach Beobachtungen des Pflanzenwuchses eingeteilt – die insgesamt neun *phänologischen Jahreszeiten*.

Jupiterjahr (2001, 2008): ein Jahr, in dem Jupiter als Regent vorherrscht. Es gilt als ziemlich warm und feucht, kaum jemals ist es ein trockenes Jahr. Saturn ist der Vorgänger Jupiters und wirkt mit seinem langen Winter und der grimmigen Kälte lange in den Frühling hinein. In Jupiterjahren reift und wächst daher alles sehr spät.

Klare Bergsicht: Hat sich eine leichte Schicht *Dunst* verflüchtigt, rücken die Berge in der Sicht scheinbar näher. Dies ist ein deutliches Zeichen für kommendes schlechtes Wetter. Die Berggipfel wirken dann oft blau bis dunkelgrau.

Klarer Himmel bei Neumond und Mondaufgang: sicheres Anzeichen für schönes Wetter über einen längeren Zeitraum.

Klarer Himmel bis vier Tage nach Neumond und jeweils bei Mondaufgang: sicheres Zeichen für länger anhaltendes schönes Wetter.

Klarer Vollmond: Anzeichen für schönes Wetter am folgenden Tag.

Knauer, Mauritius: erstellte den so genannten *Hundertjährigen Kalender*. Der Abt des fränkischen Klosters Langheim lebte von 1604 bis 1664 und führte sieben Jahre lang sorgfältigst Tagebuch über das Wetter. In dieser Zeitspanne war jeder Planet ein Jahr als Regent an der Reihe gewesen und hatte »sein« Jahr deutlich geprägt. Danach begann nach der astrologischen Lehre der Kreislauf von vorn. Knauers Bestreben war es, den Bauern der Region seines Klosters Hinweise zu geben, nach denen sie sich bei ihrer Arbeit richten konnten. Der Abt von Langheim wollte keine auf den Tag genaue Wettervorhersage abgeben. Sein Anliegen war vielmehr, den richtigen Zeitpunkt für Saat und Ernte zu finden. Als Knauer verstarb, waren seine Wetterbeobachtungen schon weit über seine Heimat Franken hinaus bekannt. Sogar außerhalb der deutschen Länder wurden sie beobachtet und befolgt. Jedoch konnten sie hier wegen der geografischen Abweichungen nicht mehr ganz genau stimmen. Dennoch blieb der »Hundertjährige« ein Erfolg – seit nunmehr über 300 Jahren.

Kometen: Früher war man der festen Überzeugung, dass sie das Wetter beeinflussten. Die Überlieferung besagt: In den ersten Tagen nach ihrem Auftauchen bringen sie meist Regen mit sich, später dann Trockenheit. Kometen erscheinen – so glaubte der Erfinder des *Hundertjährigen Kalenders*, Abt *Knauer* – meist in einem Jupiter- oder in einem Marsjahr. Im darauf folgenden Jahr soll es guten Wein geben. Ganz allgemein kündigten Kometen jedoch eher Schlechtes an. Man sah sie früher als »Fackel Gottes« an, die ausgesandt wurde, um den Menschen all ihre Sünden und Verfehlungen bewusst zu machen.

Komet im Erdzeichen (Stier, Jungfrau, Steinbock): bringt Dürre und Unfruchtbarkeit.

Komet im Feuerzeichen (Widder, Löwe, Schütze): bedeutet Krieg.

Komet im Luftzeichen (Zwillinge, Waage, Wassermann): ihm folgen Stürme und Aufruhr, manchmal auch Kriege.

Komet im Wasserzeichen (Krebs, Skorpion, Fische): führt zu Seuchen und Katastrophen wegen der starken Regenfälle.

Kränze: siehe *Höfe*.

Letztes Mondviertel mit bedrohlichen dunklen Wolken ohne Regen: dies weist auf lang anhaltende Trockenheit hin.

Marsjahr (2002, 2009): ein Jahr, in dem Mars als Regent vorherrscht; es gilt normalerweise als recht trocken. Selbst wenn es manchmal regnet, gibt es doch wesentlich mehr trockene als nasse Tage.

Merkurjahr (2005, 2012): ein Jahr, in dem Merkur als Regent vorherrscht. Es gilt im Großen und Ganzen als eher trocken und kaum feucht. Es ist meist kühl, kaum warm. Merkurjahre sind selten fruchtbare Jahre.

Meteosat: ein *Satellit*, der alle 30 Minuten ein Bild von den Bewölkungsverhältnissen über Europa, Afrika und dem Atlantik liefert. Durch die pro Tag entstehenden 48 Bilder kann man den Lauf und die Entwicklung der Wolken genau verfolgen und Schlüsse auf die künftigen Witterungsverhältnisse ziehen. Den entstehenden Satellitenfilm sieht man im Wetterbericht des Fernsehens. (Siehe auch *Satelliten*.)

Mondaufgang (beziehungsweise Neumond oder die ersten vier Tage nach Neumond) bei klarem Himmel: sicheres Anzeichen für schönes Wetter, das über einen längeren Zeitraum anhalten wird.

Mondhelle Nächte im Winter: zeigen strengen Frost an.

Mondjahr (2006, 2013): ein Jahr, in dem der Mond als Regent vorherrscht. Es gilt insgesamt als eher feucht und kaum trocken, es ist meist kühl und kaum jemals richtig warm. Die Sommermonate können allerdings sehr heiß sein.

Mondring mit Sternen: Die Anzahl der im Mondring sichtbaren Sterne zeigt an, wie viele Tage es noch bis zu einem Unwetter dauert.

Mondwechsel am Morgen: zeigt kommenden Regen an.

Mondwechsel an einem Samstag: ein sicheres Anzeichen für Regen.

Mondwechsel an einem Sonntag: Anzeichen für eine Überschwemmung, und zwar noch im selben Monat.

Mondwechsel mit Ostwind: deutet darauf hin, dass das Wetter den ganzen Monat schlecht bleibt.

Mondzyklus, verregnet: Selbst wenn ein paar schöne Tage kommen, folgt eine weitere Schlechtwetterperiode.

Morgenrot: Auf ihrem morgens sehr langen Weg vom Horizont zum Betrachter wird die kurzwellige blaue Strahlung der Sonne fast völlig absorbiert. Übrig bleibt langwelliges Rot. Morgenrot zeigt an, dass bereits am frühen Tag viel Wassergehalt in der Luft ist – die Folge ist Regen. Denn mit zunehmender Erwärmung steigt immer mehr Luft vom Boden in die Höhe und nimmt dabei Wasserdampf mit. Es bilden sich Wolken, und wenn diese mächtig genug geworden sind, kommt es zu Regenschauern.

Nebel und klein erscheinender Mond: bringen schon bald östliche Winde.

Neumond: Um diese Zeit bilden sich oft heftige Stürme.

Neumond ½ Stunde vor oder nach Mitternacht: bringt im kommenden Monat schönes Wetter.

Neumond bei bedecktem Himmel: Anzeichen für Regen.

Neumond in den Stunden der Sonne: macht im Sommer heißes und trockenes Wetter, im Winter kaltes und trockenes.

Neumond in den Stunden der Venus: gibt im letzten Viertel des Monats Regenwetter, im Winter auch Schnee.

Neumond in den Stunden des Jupiter: macht den Monat zur Hälfte trocken, zur anderen Hälfte windig.

Neumond in den Stunden des Mars: sorgt dafür, dass der Monat ziemlich »durchwachsen« ist: halb trocken, halb feucht.

Neumond in den Stunden des Merkur: passt sich an den jeweiligen Jahresherrscher an.

Neumond in den Stunden des Mondes: macht den Monat stets windig und regnerisch.

Neumond in den Stunden des Saturn: zeigt einen kalten und feuchten Monat an.

Neumond mit beginnendem Schneesturm: Der Sturm endet beim ersten Mondaufgang.

Neumond mit Wind: bringt Regen oder Schnee.

Neumond um Mitternacht: bringt im kommenden Monat schönes Wetter.

Neumond/Mondaufgang bei klarem Himmel: sicheres Anzeichen für schönes Wetter über einen längere Zeitraum.

Neumond weit im Norden: zeigt Kälte für wenigstens zwei Wochen an.

Neumond weit im Süden: sicheres Anzeichen für warmes und trockenes Wetter.

Neumond/Mondaufgang bis vier Tage nach Neumond bei klarem Himmel: sicheres Anzeichen für schönes Wetter über einen längeren Zeitraum.

Nordwind und Halbmond in aufrechter Lage: zeigt an, dass bald Westwinde kommen und es bis zum Ende des Monats stürmisch bleibt.

Offene Seite des Mondhofes: zeigt an, aus welcher Richtung Wind und Regen kommen werden.

Orkane: bilden sich oft um Neu- oder Vollmond.

Ostwind bei Vollmond: bringt strenge Kälte.

Ostwinde: werden durch Nebel und einen klein erscheinenden Mond angezeigt.

Phänologische Wetterbeobachtung: Neben den allgemein bekannten vier Jahreszeiten Frühling, Sommer, Herbst und Winter kennt man die neun so genannten natürlichen Jahreszeiten (Phänologie = Lehre von den Lebensvorgängen bei Tieren und Pflanzen im Hinblick auf den Jahresablauf). Sie richten sich danach, welche Pflanzen jeweils beim Eintritt einer neuen Jahreszeit blühen. So unterscheidet man:

Phänologische Jahreszeiten

Vorfrühling ab 10. März	Beginn der Schneeglöckchenblüte
Erstfrühling ab 28. März	Beginn der Blüte der Salweide
Vollfrühling ab 07. Mai	Blüte des Apfels
Frühsommer ab 05. Juni	Blüte des Holunders
Hochsommer ab 05. Juli	Vollblüte der Winterlinde
Spätsommer ab 09. August	Beginn der Haferernte
Frühherbst ab 30. August	Vollblüte der Herbstzeitlosen
Vollherbst ab 30. September	Aussaat von Winterroggen
Spätherbst ab 24. Oktober	Beginn des allgemeinen Laubfalls
Winter	Ruhen der Feldarbeiten

Regen: kommt meist drei bis fünf Tage nach Vollmond. Wird auch durch schwarze Flecken im Mond angezeigt.

Regen im gesamten Mondzyklus: Selbst wenn ein paar schöne Tage kommen, folgt eine weitere Schlechtwetterperiode.

Ring um den Mond: Anzeichen für einen Sturm.

Ringe: siehe *Halos, echte*.

Rote Flecken im Mond: bedeuten Wind.

Roter Mond zwischen Wolken: Anzeichen für Regen einen halben Tag später.

Satelliten: beobachten die Wolkenbildung auf der Erde aus mehr als 36 000 Kilometer Entfernung. Heute gibt es ein Netz von Wetterbeobachtungssatelliten, das mehr als 10 000 einzelne Stationen umfasst. Rund um die Uhr wird dort das aktuelle Wetter beobachtet. Die gesammelten Informationen werden über ein Leitungssystem überall hin verbreitet. Durch die Satellitenbilder ist es möglich, den gesamten Globus umfassend zu beobachten. Vorher war dies – wegen der riesigen Wasserflächen, die mehr als 70 % der Erdoberfläche ausmachen – nicht möglich. Siehe auch *Meteosat*.

Saturnjahr (2000, 2007): ein Jahr, in dem Saturn als Regent vorherrscht, es gilt stets als feucht und kalt. Zwar kann es in manchen Monaten ziemlich trocken sein, der August und die Herbstmonate jedoch sind meist verregnet.

Schneesturm, der bei Neumond beginnt: Der Sturm endet beim ersten Mondaufgang.

Schönwetterperiode: Nicht ein tiefblauer Himmel, sondern eher staubig-blaue Färbung ist das beste Anzeichen für lang anhaltendes schönes Wetter.

Schönwetterwolken: entstehen durch die Verdunstung von Wasser in bodennahen Luftschichten. Diese Schichten werden langsam feuchter, steigen in der Wärme des Tages auf und bilden nach kurzer Zeit kleine weiße Schönwetterwolken. Gegen Abend verschwinden sie wieder.

Schwarze Flecken im Mond: kündigen Regen an.

Schwefliger Sonnenuntergang: Ein sicheres Zeichen für schwere Regenschauer ist ein giftig gelber Sonnenuntergang.

Sechster Tag nach Neumond: Das Wetter hält sich den ganzen Mondzyklus, wenn es so wie am *vierten Tag nach Neumond* ist.

Sommerhoch: Nur in den Sommermonaten bringt ein *Hochdruckgebiet* über dem Festland sonniges Wetter. Der Grund: Der Boden wird tagsüber von der Sonne aufgeheizt und kühlt sich nachts kaum ab. Die Luft kann wegen ihrer hohen Temperatur sehr viel Wasserdampf aufnehmen und damit *Wolken* bilden, die sich aber nur als bodennaher *Dunst* absetzen.

Sonnenaufgang: ist er leuchtend-klar, verspricht dies schönes Wetter für den ganzen Tag.

Sonnenfinsternis von März bis Anfang Mai: Anzeichen für eine reiche Weinernte, die aber keine besonders gute Qualität einbringt.

Sonnenfinsternis im Jupiterjahr (2001, 2008): bringt eine kurze Regenperiode, danach allerdings lang anhaltende Dürre.

Sonnenfinsternis im Marsjahr (2002, 2009): bringt eine kurze Regenperiode, danach allerdings lang anhaltende Dürre.

Sonnenfinsternis im Merkurjahr (2005, 2012): bringt eine kurze Regenperiode, danach allerdings lang anhaltende Dürre.

Sonnenfinsternis im Mondjahr (2006, 2013): bringt für eine längere Zeit ständig Regen, danach große Dürre.

Sonnenfinsternis im Saturnjahr (2000, 2007): bringt für eine längere Zeit ständig Regen, danach große Dürre.

Sonnenfinsternis im Sonnenjahr (2003, 2010): bringt eine kurze Regenperiode, danach allerdings lang anhaltende Dürre.

Sonnenfinsternis im Venusjahr (2004, 2011): bringt für eine längere Zeit ständig Regen, danach große Dürre.

Sonnenfinsternis in der Blütezeit: bringt Unfruchtbarkeit mit sich.

Sonnenjahr (2003, 2010): ein Jahr, in dem die Sonne als Regent vorherrscht. Gilt als durch und durch eher trocken und fast niemals feucht. Dennoch kommt es selten zu Hitzeperioden, meist bleibt es nur mittelmäßig warm.

Sonnenuntergang: Zeigt sich während des Sonnenuntergangs ein großer Mond und sieht er nicht trübe, sondern leuchtend aus, so wird das Wetter für Tage schön und klar.

Strenger Frost: wird im Winter durch mondhelle Nächte angezeigt.

Sturm: sehr häufig um Neumond. Wird auch durch einen Ring um den Mond angezeigt.

Tiefdruckgebiet: entsteht, wenn warme und kalte Luftmassen auf engem Raum aufeinander treffen. Ein Tief, das über uns hinwegzieht, bringt zunächst Warmluft, später kalte Luft. Je größer der Temperaturunterschied ist, desto intensiver sind die Wettererscheinungen: schlechtes Wetter, Wolken, die die Sonne verdecken, Regen und Kälte.

Undeutlich sichtbare untere Hälfte der Mondsichel an den Tagen nach Neumond: Anzeichen für schlechtes und stürmisches Wetter noch vor Vollmond.

Unmittelbar nach Neu- und Vollmond: gibt es die heftigsten Niederschläge.

Venusjahr (2004, 2011): ein Jahr, in dem Venus als Regent vorherrscht, es gilt als eher feucht und kaum trocken. Es ist zu jeder Jahreszeit schwül und ziemlich warm.

Vierter Tag nach Neumond: Das Wetter hält den ganzen Monat, wenn es am *sechsten Tag nach Neumond* wie am vierten ist.

Vollmond: deutet oft einen Wechsel von trübem zu schönem und klarem Wetter an. Nach Seefahrererfahrung kommt es jetzt niemals zu Sturm. Regen tritt meist drei bis fünf Tage später ein. Auch Stürme und Gewitter treten zwei Tage nach Vollmond auf.

Vollmond an einem Samstag: ein sicheres Anzeichen für Regen.

Vollmond durch Dunst verschleiert: kündet Regen an.

Vollmond mit Ostwind: bringt nach alten Bauernregeln strenge Kälte.

Vollmond zweimal im Monat: zeigt immer eine Überschwemmung an.

Wind bei Neumond: bringt Regen und Schnee.

Wind mit Schnee und Regen: wird durch einen Mond mit *Hof* angezeigt.

Wind: wird durch *rote Flecken* im Mond angezeigt.

Windrichtung: wird durch die *offene Seite des Mondhofes* angezeigt – aus dieser Richtung kommt der Wind.

Winterhoch: Kühlt sich Luft ab, wird sie schwerer und dichter. Im Winter wird sie zudem durch die schwächere Sonneneinstrahlung kaum erwärmt – die Folge: Feuchtigkeit und Staubteilchen bleiben in Bodennähe. Deshalb zeigen sich Winterhochs oft lange Zeit mit Nebelwetter. Oberhalb einer »Sperrschicht« von etwa 300 Metern dagegen herrschen Sonnenschein und ein kräftig *blauer Himmel* – die Sichtweite beträgt auf Berggipfeln oft mehrere 100 Kilometer. In Niederungen wird es nur dann schön, wenn es sehr kalt ist und sich deshalb kaum Feuchtigkeit bildet, die sich als Nebel niederschlagen könnte.

Wolken und ein großer roter Mond dazwischen: Anzeichen für Regen einen halben Tag später.

Wolken, die vom Vollmond »aufgelöst« werden: wieder schönes und klares Wetter.

Kapitel 5

Der Mond: Arbeit im Garten

Gestirne und Planeten beeinflussen das Werden und Wachsen auf der Erde. Der Mond – der nach den alten Lehren ebenso wie die Sonne als Planet gilt – nimmt dabei eine Sonderstellung ein. Das empfanden die Menschen in vorchristlicher Zeit, das galt im Christentum und das ist auch heute noch so – trotz aller wissenschaftlichen und technischen Entwicklung. Selbst im fortschrittsgläubigen Amerika kennt man seit gut 100 Jahren ein Gartenbuch, das jährlich erscheint und in dem ganz klar auf den Mond und seine Einflüsse im Gartenbau hingewiesen wird. In Italien gibt es ebenfalls jedes Jahr einen kleinen blauen Mondkalender, der die Mondphasen für das kommende Jahr enthält. Den meisten Bauern und Gärtnern ist es eine Selbstverständlichkeit, erst einmal im »Baccelli« nachzuschlagen, wann der Mond in welchem Sternzeichen steht oder ob eine Sonnen- oder Mondfinsternis zu erwarten ist, bevor sie ans Pflanzen und Säen gehen. Auch bei uns sind der Mond und das Wissen über seine Kräfte wieder ins Bewusstsein der Menschen gerückt: Bücher und Kalender, die sich mit dem Mond befassen, sind in den vergangenen zehn Jahren wahre Verkaufsschlager geworden.

Man muss nicht unbedingt Landwirt sein, um den Mondkalender anzuwenden. Jeder, der einen Garten sein Eigen nennt oder auch nur Terrasse beziehungsweise Balkon mit Pflanzen bestückt, weiß: In manchen Jahren erzielt man bei

Blumen und Früchten reiche Ernte, in anderen will einfach nichts so recht gedeihen. Das kann durchaus daran liegen, dass man »gegen die Natur«, also nicht im Rhythmus des Mondes gesät und gepflanzt hat. Vielleicht herrscht auch ein Jahresplanet, der gutes Gelingen auf verschiedenen Ebenen unmöglich macht. Es ist nämlich durchaus wichtig, darauf zu achten, welcher der Planeten das jeweilige Jahr regiert.

Jeweils am 21. März, dem Frühlingsbeginn, übernimmt einer der sieben astrologisch bedeutsamen Planeten für ein Jahr die Herrschaft und prägt damit die folgenden Monate. Uranus, Neptun und Pluto gehören nicht zu den Sieben, als sonnenfernste Planeten wurden sie erst sehr spät entdeckt. In der Astrologie bedeutsam sind neben Saturn, Jupiter, Mars, Venus und Merkur auch die als Planeten bezeichneten Gestirne Sonne und Mond. Letzterer spielt als erdnächster Himmelskörper schon immer eine besonders wichtige Rolle: Zum Beispiel, weil er die Gezeiten der großen Weltmeere kontrolliert. Deshalb ist auch sein Einfluss auf Aussaat, Wachstum und Ernte wesentlich. Mit der Zunahme des Mondes erhöht sich die Feuchtigkeit auf der Erde. In dieser Zeit sind die Pflanzen am saftigsten und die Tiere besonders aktiv.
Hier noch einmal die Eigenschaften der sieben Planeten:

- Saturn (regiert die Jahre 2000, 2007, 2014): kalt und feucht;
- Jupiter (regiert die Jahre 2001, 2008, 2015): warm und trocken;
- Mars (regiert die Jahre 2002, 2009, 2016): heiß und trocken;
- Sonne (regiert die Jahre 2003, 2010, 2017): mittelwarm und trocken;
- Venus (regiert die Jahre 2004, 2011, 2018): warm und feucht;

- Merkur (regiert die Jahre 2005, 2012, 2019): kalt und trocken;
- Mond (regiert die Jahre 2006, 2013, 2020): kalt und feucht.

Der einfachste Mondkalender steht am Himmel: Man achtet dabei einfach auf die einzelnen Phasen des Mondes. Zunächst einmal genügt es, sich nach den zwei Hauptphasen im Mondzyklus zu richten: nach dem zunehmenden und dem abnehmenden Mond. Bei dieser schlichten Methode müssen Sie nur beachten:

- Bei zunehmendem Mond »atmet« die Erde aus. Das bedeutet: Die Säfte in allen Gewächsen steigen nach oben. Alle Erntearbeiten an Pflanzen, die über der Erde Ertrag bringen, sollten jetzt geschehen.
- Bei abnehmendem Mond »atmet« die Erde ein. Das heißt: Die Säfte in der Pflanze gehen nach unten in die Wurzel. Säen und pflanzen Sie jetzt alles, was später über der Erde Früchte trägt. Die Phase des abnehmenden Mondes ist auch ideal zum Schneiden, Düngen und Gießen, zur Bekämpfung von Schädlingen und Unkraut sowie zum Ernten von Wurzelfrüchten.

Etwas genauer gehen Sie vor, wenn Sie sich an die vier Phasen des Mondzyklus halten. Im »Lexikon von A–Z« finden Sie für diese Methode genaue Hinweise. Es werden unterschieden:

- das erste Viertel von Neumond bis zum zunehmenden Halbmond,
- das zweite Quartal von Halbmond bis Vollmond,
- das dritte Viertel vom Vollmond bis zum abnehmenden Halbmond,
- das vierte Viertel vom Halbmond bis zum Neumond.

Wenn Sie sich nach den vier Mondphasen richten wollen, halten Sie sich an die Grundregel:

- Alle Arbeiten, die zum Wachsen beitragen sollen, vor allem bei Pflanzen, die ihre Früchte über der Erde tragen, sollten Sie in der Zeit des zunehmenden Mondes (also im ersten und zweiten Viertel) erledigen. Gemüse und Früchte, die Sie schnell verzehren und nicht einlagern, sollten Sie ebenfalls in dieser Zeit ernten.
- Arbeiten, die denjenigen Pflanzen gelten, die ihre Früchte unter der Erde tragen, verrichten Sie dagegen besser in der Zeit des abnehmenden Mondes (also im dritten und vierten Quartal). Wenn Sie Gemüse oder Früchte einlagern, einfrieren oder einkochen wollen, sollten Sie dies ebenfalls in den beiden Phasen nach Vollmond tun.

Noch genauer, wenngleich mit mehr Planung und Aufwand verbunden, ist es, wenn Sie sich mit allen Gartenarbeiten an einen Kalender halten, in dem außer den Mondphasen auch noch angeben ist, in welchem Tierkreiszeichen sich der Mond gerade befindet. Beim Gärtnern mit Mond und Tierkreiszeichen kommt es genau darauf an, an welchem Tag Sie welche Arbeiten verrichten. Der Mond durchläuft die zwölf Sternzeichen jeden Monat aufs Neue und verweilt etwa zweieinhalb Tage in jedem Zeichen. Das hat bedeutenden Einfluss auf die Erde und die Pflanzen. Wann der Mond in welchem Zeichen steht, können Sie den Tabellen im Kapitel 3 »Der Mond: Astrologie und Tierkreiszeichen« entnehmen.

In der Astrologie schreibt man den einzelnen Sternzeichen bestimmte Eigenschaften zu. Man unterscheidet:

- Tag- und Nachtzeichen. Tagzeichen sind dabei aktiv und trocken, Nachtzeichen passiv, feucht und fruchtbar.

❍ Hauptzeichen und untergeordnete Zeichen, auch als kardinal, fix und labil bekannt. Kardinal- oder Hauptzeichen stehen am Beginn neuer Jahreszeiten. Sie sind daher sehr kraftvoll. Fixe Zeichen festigen die Wirkung des vorhergehenden Tierkreiszeichens – sie gelten als starr und beharrlich. Labile Zeichen folgen immer auf die fixen und gelten als unbeständig, oft negativ und unzuverlässig.

Eigenschaften der Tierkreiszeichen

Tierkreiszeichen	Tag-/Nachtzeichen	kardinal, fix, labil
♈	Tag – aktiv und trocken	kardinal
♉	Nacht – passiv, feucht, fruchtbar	fix
♊	Tag – aktiv und trocken	labil
♋	Nacht – passiv, feucht, fruchtbar	kardinal
♌	Tag – aktiv und trocken	fix
♍	Nacht – passiv, feucht, fruchtbar	labil
♎	Tag – aktiv und trocken	kardinal
♏	Nacht – passiv, feucht, fruchtbar	fix
♐	Tag – aktiv und trocken	labil
♑	Nacht – passiv, feucht, fruchtbar	kardinal
♒	Tag – aktiv und trocken	fix
♓	Nacht – passiv, feucht, fruchtbar	labil

- Die Elemente der Zeichen: Jedes der zwölf Sternzeichen ist einem der vier Elemente Feuer, Wasser, Luft und Erde zugeordnet. Feuerzeichen sind heiß; sie begünstigen Samen- und Fruchtbildung. Man nennt die Tage unter den Feuerzeichen auch Fruchttage. Luftzeichen gelten als trocken; sie fördern die Blüte. Man nennt Tage unter den Luftzeichen deshalb Blütentage. Wasserzeichen sind feucht und sehr wachstumsfördernd; sie sind deshalb gut für Stiele und Blätter – und so nennt man Tage unter Wasserzeichen Blatttage. Erdzeichen gelten als bodenständig, fest und erdnah; sie sind gut für die Wurzelbildung. Tage unter den Erdzeichen nennt man also auch Wurzeltage. In der unten stehenden Tabelle können Sie die Tierkreiszeichen nach den Elementen geordnet finden.

Die Elemente und ihre Zuordnungen

Element	Sternzeichen	Tagesqualität	Pflanzenteil	Eigenschaften
Feuer	♈ ♌ ♐	Wärmetag	Frucht	sind heiß; gut für Samen- und Fruchtbildung
Wasser	♋ ♏ ♓	Wassertag	Blatt	sind feucht und sehr wachstumsfördernd; gut für Stiele und Blätter
Erde	♉ ♍ ♑	Kältetag	Wurzel	sind bodenständig, fest und erdnah; gut für Wurzelbildung
Luft	♊ ♎ ♒	Lichttag	Blüte	sind trocken; gut für die Blüte

Vergessen Sie jedoch bitte nicht, dass es nicht nur auf Mondphasen und Tierkreiszeichen ankommt, um im Garten, auf der Terrasse und dem Balkon erfolgreich zu sein. Auch die Qualität des Bodens und natürlich das Wetter spielen eine wichtige Rolle. Es ist sinnlos, mit der Aussaat beginnen zu wollen, wenn es zwar im Mondkalender für den März empfohlen wird, der Boden jedoch noch tief gefroren ist.

Auf dem Lande war das Holz früher lebenswichtig – kein Wunder also, dass es auch genaue Regeln für das Fällen der Bäume und die Holzbearbeitung gab. All diese Regeln richteten sich am Mond und seinem Lauf durch die Sternzeichen aus. Ob man sein Haus aus Holz baute oder Möbel beziehungsweise Werkzeug anfertigte: Es war wichtig, darauf zu achten, wann man es im Wald schlug. Denn danach richteten sich die späteren Eigenschaften des Holzes aus. Jeder, der mit Holz umgeht, kennt den alten Spruch: »Holz arbeitet.« Wenn Sie in einem Haus wohnen, in dem beim Bau viel Holz verwendet wurde, werden Sie das Holz hören: Es knackt und knarzt, je nachdem, ob es draußen warm oder kalt ist. Je nach Holzart, nach Jahreszeit und nach dem Zeitpunkt der Fällung lebt das Holz nämlich weiter: Es trocknet unterschiedlich schnell, ändert sein Gewicht, seine Gestalt oder Beschaffenheit und ist mehr oder weniger anfällig für Schädlinge. Manche Holzarten »laufen« gerade, andere sind rechts- oder linksdrehend gewachsen. Bei der Verarbeitung des Holzes muss man dies beachten: Bei Dachschindeln zum Beispiel sollte das Holz leicht nach links verlaufen. Denn bei nassem Wetter streckt sich solches Holz, bei Sonne dagegen krümmt es sich leicht und lässt Luft unter die Schindel gelangen: Das Dach trocknet schneller ab. Bei Dachrinnen ist es gerade umgekehrt: Das Holz sollte sich leicht nach rechts drehen.

Nach dem Fällen bleibt rechts drehendes Holz nämlich wie es ist, die Drehung setzt sich nicht fort. Die Dachrinne wird sich also im Laufe der Zeit nicht verbiegen.

Lexikon von A–Z

Ahorn anpflanzen: im dritten Viertel, also bei abnehmendem Mond zwischen Voll- und Halbmond.

Anpflanzen und Säen: auf keinen Fall an Wassermanntagen.

Apfel anpflanzen: im dritten Viertel, also bei abnehmendem Mond zwischen Voll- und Halbmond.

Artischocken säen: im ersten Viertel des Mondes, also bei zunehmendem Mond zwischen Neu- und Halbmond.

Auberginen aussäen: im zweiten Viertel, zunehmender Mond zwischen Halb- und Vollmond.

Ausdauernde Pflanzen: siehe *mehrjährige Pflanzen*.

Aussaat von Körnern; Aussaat auf großen Flächen, zum Beispiel Rasen: im ersten oder zweiten Viertel, bei zunehmendem Mond zwischen Neu- und Vollmond.

Bauholz für Dachstühle: Dieses Holz darf später auf keinen Fall reißen. Deshalb schlägt man es am 29. Juni zwischen 11 und 12 Uhr mittags (Sommerzeit: zwischen 12 und 13 Uhr). Früher war dies eine ganz besondere Zeit: Die Holzfäller gingen in Scharen in den Wald und sägten in dieser einen Stunde, was nur ging. Dieses Holz verbaute man dann in Dachstühlen.

Bauholz für Haus und Stall: Wer *Holz* zum Bauen braucht, schlägt dies am besten in den letzten Dezembertagen: Dann fault es nicht und wird auch nicht wurmig. Gutes Bauholz bekommt man aber auch, wenn man die Bäume im November bei abnehmendem Mond schlägt.

Bäume schneiden: im dritten oder vierten Viertel, bei abnehmendem Mond zwischen Voll- und Neumond. Am besten schneidet man in der Zeit vom Blattfall im Herbst bis kurz vor Neuaustrieb im Frühjahr. An Tagen, an denen es kälter als minus fünf Grad ist, sollte man es allerdings unterlassen. Schneidet man die Obstbäume im Herbst, wird man starke Triebe bekommen. Schneidet man sie im Frühjahr, bekommt man schwächere Triebe, aber einen besseren Fruchtansatz.

Bäume veredeln: im ersten oder zweiten Viertel, bei zunehmendem Mond zwischen Neu- und Vollmond.

Baumfrüchte ernten: Nicht alle Früchte eines Baumes werden gleichzeitig reif: Pflückt man zunächst nur einen Teil des Obstes, nämlich die Früchte an der Sonnenseite, am Gipfel und die weit außen, so werden die noch nicht reifen Früchte noch an Größe zunehmen.

Birne anpflanzen: im dritten Viertel, bei abnehmendem Mond zwischen Voll- und Halbmond.

Blasse Rosen: bekommen mehr Farbe, wenn man den Boden an *Blütentagen* um den Rosenstock etwa zwei Zentimeter dick mit Holzkohlenpulver bedeckt und dieses angießt. Die ehemals fahle Farbe wird zu einem satten Rosa aufblühen.

Blätter sammeln für medizinische Tees: im dritten oder vierten Viertel, bei abnehmendem Mond zwischen Voll- und Neumond.

Blattgemüse anpflanzen: allgemein im ersten Viertel des Mondes, bei zunehmendem Mond zwischen Neu- und Halbmond.

Blattläuse: an Jungfrautagen mit Brennnesseljauche vertreiben. Dazu sollten Sie zehn Kilo frische Brennnesseln in 50 Litern Regenwasser 24 Stunden ziehen lassen. Außerdem mögen Blattläuse Kapuzinerkresse. Pflanzt man diese um den Obstbaum herum, so gehen die Blattläuse nicht an die Blätter.

Blatttag: alle Tage, an denen der Mond in einem der *Wasserzeichen* Krebs, Skorpion oder Fische steht.

Blühende zwei- und mehrjährige Knollenpflanzen setzen: im dritten Viertel, bei abnehmendem Mond zwischen Voll- und Halbmond.

Blumen aus Zwiebeln und Wurzeln anpflanzen: Mond in den Fischen (*Blatttag*) abwarten; diese Tage sind feucht und fruchtbar.

Blumen aussäen: wenn der Mond im Skorpion steht; ein solcher *Blatttag ist* gut für die Aussaat von Blumen.

Blumen mit gefüllten Blüten: am besten bei zunehmendem Mond aussäen.

Blumen trocknen: im dritten oder vierten Viertel, bei abnehmendem Mond zwischen Voll- und Neumond.

Blumenkohl aussäen: im ersten Viertel des Mondes, bei zunehmendem Mond zwischen Neu- und Halbmond. Blumenkohl sollte man nicht zu tief in den Boden setzen; denn im zeitigen Frühjahr ist nur die obere Erdschicht ausreichend warm.

Blumenzwiebeln und Knollen: bei abnehmendem Mond setzen, möglichst im dritten Quartal.

Blüten sammeln für eine lange Lagerung: im dritten oder vierten Viertel, bei abnehmendem Mond zwischen Voll- und Neumond.

Blütentage: alle Tage, an denen der Mond in den Sternzeichen Zwillinge, Waage oder Wassermann steht.

Bohnen aussäen: im zweiten Viertel, bei zunehmendem Mond zwischen Halb- und Vollmond.

Brennholz lagern: am besten, wenn der Mond abnimmt. Sonst zieht das Holz Feuchtigkeit an und wird schimmelig.

Brennholz schlagen: am besten im Oktober im ersten Viertel des zunehmenden Mondes. Auch die Zeit nach der Wintersonnenwende bei abnehmendem Mond ist gut für Brennholz geeignet.

Brokkoli aussäen: im ersten Viertel des Mondes, bei zunehmendem Mond zwischen Neu- und Halbmond.

Brombeeren anpflanzen: im zweiten Viertel, also bei zunehmendem Mond zwischen Halb- und Vollmond.

Brunnenkresse aussäen: allgemein im ersten Viertel des Mondes, bei zunehmendem Mond zwischen Neu- und Halbmond.

Buche anpflanzen: im dritten Viertel, bei abnehmendem Mond zwischen Voll- und Halbmond.

Christbäume schlagen: Tannen behalten ihre Nadeln besonders lange, wenn man sie drei Tage vor dem elften Vollmond des Jahres (meist im November) schlägt. Früher erhielten diese Bäume vom Förster einen »Mondstempel« und waren etwas teurer als andere Christbäume. Auch Fichten nadeln so nicht, sollten aber bis Weihnachten kühl gelagert werden.

Drahtwürmer: kann man am besten mit natürlichen Ködern fangen. Salatstängel, die man abends zwischen den Gemüsereihen auslegt, sind gut geeignet. Morgens sammelt man dann die Würmer ein.

Düngen: allgemein im zweiten Viertel, bei zunehmendem Mond zwischen Halb- und Vollmond, am besten kurz vor Vollmond. Außerdem ist zu beachten: Pflanzen auf dem Balkon und im Kübel nehmen den Dünger besonders gut auf, wenn der Mond im Krebs steht, also an einem *Blatttag*.

Düngen mit Kalium: im dritten oder vierten Viertel, bei abnehmendem Mond zwischen Voll- und Neumond.

Düngen mit Kunstdünger: niemals an Löwetagen, die Pflanzen könnten verbrennen.

Eiche anpflanzen: im dritten Viertel, also bei abnehmendem Mond zwischen Voll- und Halbmond.

Einjährige blühende Rosen und Pflanzen aussäen: allgemein im ersten Viertel des Mondes, bei zunehmendem Mond zwischen Neu- und Halbmond.

Einjährige Sommerblumen: Aussaat zum Waagemond für die Schönheit der Blüten; für die Blütenfülle an Krebs-, Jungfrau- oder Fischetagen; für die Haltbarkeit an Skorpiontagen; für kräftigen Wuchs an Stiertagen.

Endiviensalat aussäen: allgemein im ersten Viertel des Mondes, bei zunehmendem Mond zwischen Neu- und Halbmond.

Erbsen anpflanzen: im dritten Viertel, bei abnehmendem Mond zwischen Voll- und Halbmond.

Erbsen aussäen: im zweiten Viertel, bei zunehmendem Mond zwischen Halb- und Vollmond.

Erbsen ernten: morgens oder abends, nicht gerade dann, wenn die Erbsen von der Sonne erwärmt sind. Sonst kann es nämlich in den Schoten zu Gärungsprozessen kommen.

Erdbeeren anpflanzen und säen: im dritten Viertel, bei abnehmendem Mond zwischen Voll- und Halbmond.

Erdbeermilben: werden von Knoblauch vertrieben. 700 Gramm zerschnittenen Knoblauch auf zehn Liter kochendes Wasser geben, die abgekühlte Flüssigkeit dann zum Gießen der Erdbeerpflanzen verwenden.

Erdflöhe: werden durch Wermut vertrieben. Die befallenen Pflanzen jeden Abend mit einem Wermutabsud gießen. Bei frisch eingesetzten Kohlpflanzen hilft das Mulchen mit Holunderblättern, das verhindert, dass überhaupt Erdflöhe auftreten. Man kann auch Gartenkresse als

»Fangpflanze« aussäen: Die Erdflöhe gehen lieber an die Kresse als an andere Pflanzen.

Erdzeichen: die Sternzeichen Stier, Jungfrau und Steinbock, die dem Element Erde zugeordnet sind.

Erfrierungen an blühenden Obstbäumen: vorbeugen, indem man auf den noch gefrorenen Boden eine dicke Schicht kalten Mist auflegt. Der Boden taut langsamer auf, die Blütezeit wird hinausgeschoben. Erst wenn keine Nachtfröste mehr zu erwarten sind, wird der Mist entfernt.

Ernten: an allen Tagen, an denen der Mond im Widder oder im Schützen (*Fruchttage*) steht. Ideal sind auch die Zwillingstage (*Blütentage*).

Feldmäuse: werden durch Baumnadeln vertrieben; einfach Tannen- oder Fichtennadeln unter das Saatgut streuen.

Festes Holz schlagen: am 25. März, am 29. Juni und am 21. Dezember. Heute noch wird auf dem Lande auch die Uhrzeit beachtet: Am 21. Dezember muss man zwischen 11 und 12 Uhr mittags ins Holz.

Feuerzeichen: die Sternzeichen Widder, Löwe und Schütze, die dem Element Feuer zugeordnet sind.

Fixe Zeichen: festigen die Wirkung des vorhergehenden Tierkreiszeichens. Sie gelten als starr und beharrlich. Fixe Zeichen sind Stier, Löwe, Skorpion und Wassermann.

Flachs: sollte man nur am Gründonnerstag oder Karfreitag aussäen.

Früchte trocknen: im dritten oder vierten Viertel, bei abnehmendem Mond zwischen Voll- und Neumond.

Fruchttage: alle Tage, an denen der Mond in einem der *Feuerzeichen* Widder, Löwe oder Schütze steht.

Garten pflegen: wenn der *Mond im Schützen* steht (*Fruchttag*).

Gartenbodenpflege: wenn der *Mond im Zwilling* (*Blütentag*) steht.

Gartenkürbis aussäen: im zweiten Viertel, bei zunehmendem Mond zwischen Halb- und Vollmond.

Gemüse ernten für den sofortigen Verzehr: im ersten oder zweiten Viertel, bei zunehmendem Mond zwischen Neu- und Vollmond.

Gemüse ernten für eine längere Lagerung: im dritten oder vierten Viertel, also bei abnehmendem Mond zwischen Voll- und Neumond.

Gemüse pflanzen: niemals, wenn der *Mond in der Jungfrau* (*Wurzeltag*) steht. Das sind die unfruchtbaren Tage. Am besten den Mond der Waage (*Blütentag*) abwarten. Reiche Ernte kann man auch erwarten, wenn man Gemüse zum Mond im Skorpion (*Blatttag*) anpflanzt.

Gemüse und Obst ernten: am bestens morgens bis zehn Uhr. Viele Obst- und Gemüsesorten haben bis zu dieser Uhrzeit den höchsten Aromagehalt.

Gemüsesorten anpflanzen, die unter der Erde fruchten: im dritten Viertel, bei abnehmendem Mond zwischen Voll- und Halbmond.

Gerste aussäen: im ersten Viertel des Mondes, bei zunehmendem Mond zwischen Neu- und Halbmond.

Getreide: Ganz allgemein sät man Getreide am besten bei zunehmendem Mond.

Gießen: am *Mond im Krebs* (*Blatttag*). Dann nehmen die Pflanzen auf dem Balkon und im Kübel das Wasser besonders gut auf.

Gießzeiten: morgens vom Sonnenaufgang bis etwa zehn Uhr oder am Spätnachmittag bis zur eintretenden Dunkelheit. Bei großer Hitze sollte man nicht vor 18 Uhr, morgens nicht nach 8 Uhr gießen. In den ersten Frühlingswochen bewässert man nur in der erwärmten Tageszeit. Scheinbar nasses Wetter (Nebel, Nieselregen) kann für manche

Pflanzen zu wenig Feuchtigkeit bringen. Lieber die Bodenfeuchtigkeit überprüfen, bevor die Pflanzen eintrocknen.

Grabarbeiten: an Tagen, an denen der *Mond im Widder* steht (*Fruchttag*).

Gurken aussäen: im ersten Viertel des Mondes, bei zunehmendem Mond zwischen Neu- und Halbmond. Gewürzgurken setzen reichlich Früchte an, wenn der Haupttrieb nach dem dritten Blatt entspitzt wird. Die sich dann bildenden Seitentriebe sind besonders üppig mit Blüten und in Folge dann mit Früchten besetzt. Gurken werden bitter, wenn sie bei Sonnenschein geerntet werden. Auch wenn sie bei warmem und heißem Wetter zu kalt gegossen wurden, können Gurken bitter werden.

Gurkenkörner: immer nach dem Vollmond legen.

Hacken: am besten an Widdertagen (*Fruchttage*).

Hauptzeichen: auch Kardinalzeichen; stehen am Beginn neuer Jahreszeiten. Sie gelten als aktiv und lebendig. Kardinalzeichen sind Widder, Krebs, Waage und Steinbock.

Himbeeren anpflanzen: im zweiten Viertel, bei zunehmendem Mond zwischen Halb- und Vollmond.

Hirse: sät man stets nach Sonnenuntergang.

Holz, besonders hart: Soll Holz weder faul noch wurmig werden, dafür aber mit zunehmendem Alter an Härte gewinnen, muss man es am 1. oder 31. Januar oder am 1. oder 2. Februar schlagen.

Holz fällen: im vierten Viertel, bei abnehmendem Mond zwischen Halb- und Neumond.

Holz für Geräte: muss hart, griffig und leicht sein. Diese Eigenschaften hat das Holz, wenn der Neumond auf Skorpion fällt – also meist im Novemberneumond. Es muss geschlagen und sofort entrindet werden; denn für den Borkenkäfer ist bei Skorpion geschlagenes Holz das Signal zum Angriff.

Holz für Pfahlbauten im Wasser, für Schiffs- und Bootsstege: schlägt man an warmen Sommertagen bei zunehmendem Mond. Man soll es gleich zum Bauen verwenden, denn es steht im Vollsaft.

Holz für Werkzeug oder Möbel: erhält man, wenn man den Baum in den ersten acht Tagen nach dem Dezemberneumond in Löwe, Jungfrau oder Waage schlägt.

Holz unbrennbar machen: Hierzu muss am 1. März nach dem Sonnenuntergang geschlagen werden. Fast genauso gut wie dieses Datum sind der letzte Tag vor dem Dezemberneumond und die letzten 48 Stunden vor dem Märzneumond.

Holz zum Schnitzen: wird am besten in den Tagen vor dem Novemberneumond geschlagen. Alternativen sind der 25. März, der 29. Juni und der 31. Dezember. Dieses Holz reißt zudem nicht auf, wenn der Wipfel des gefällten Baumes gegen das Tal fällt. Bei ebenem Gelände sollte man den Wipfel noch etwas am Baum lassen, um den letzten Saft aus dem Stamm zu ziehen.

Holzwurm vermeiden: Man soll die Bäume dann schlagen, wenn der Mond seit drei Tagen abnimmt und die Sonne im Zeichen des Steinbocks steht.

Jäten: wenn der *Mond im Steinbock* steht (*Blütentag*).

Jauche ausbringen: am besten bei Vollmond. Ist dies nicht möglich, nutzen Sie dazu wenigstens den abnehmenden Mond.

Kardinalzeichen: siehe *Hauptzeichen*.

Kartoffeln: immer nach dem Vollmond legen. Niemals an einem Montag legen, sonst werden sie madig.

Kartoffeln anpflanzen: im dritten Viertel, bei abnehmendem Mond zwischen Voll- und Halbmond.

Kletterpflanzen: siehe *Rankpflanzen*.

Knoblauch: vertreibt *Wühlmäuse* und *Erdbeermilben*.

Knoblauch aussäen: im zweiten Viertel, bei zunehmendem Mond zwischen Halb- und Vollmond.

Kohl aussäen: allgemein im ersten Viertel des Mondes, bei zunehmendem Mond zwischen Halb- und Vollmond.

Kohlrabi aussäen: im ersten Viertel des Mondes, bei zunehmendem Mond zwischen Neu- und Halbmond. Kohlrabi bringt mehrere Knollen, wenn man bei der ersten Ernte die Knolle so abschneidet, dass der Strunk und einige der unteren Blätter stehen bleiben. Am Rand der Schnittstelle bilden sich dann neue Knollen – nicht so groß wie die erste, aber dafür klein und fein.

Kohlweißlinge: werden mit dem Eierschalen-Trick entfernt. Zwischen die Kohlpflanzen legen Sie leere weiße Eierschalen. Das Kohlweißlings-Weibchen wird sie für Eier einer Artgenossin halten und einen anderen Platz suchen.

Kompost ansetzen: im ersten oder zweiten Viertel, bei zunehmendem Mond zwischen Neu- und Vollmond.

Kompost verteilen und untergraben: im dritten oder vierten Viertel, bei abnehmendem Mond zwischen Voll- und Neumond.

Kompost zum Düngen verwenden: mit dem Düngen im dritten oder vierten Viertel beginnen, also bei abnehmendem Mond zwischen Voll- und Neumond.

Kopfsalat aussäen: allgemein im ersten Viertel des Mondes, bei zunehmendem Mond zwischen Neu- und Halbmond. Kopfsalat wächst immer wieder nach, wenn man beim Ernten die unterste Blattrosette an der Wurzel stehen lässt. Der Salatstumpf braucht dann nur etwa die Hälfte der Zeit, um aus den Blattachseln neue Stengel mit neuen Blättern sprießen zu lassen. Für viele Wochen hat man so immer wieder frischen Pflücksalat.

Kräuter aussäen: allgemein im ersten Viertel des Mondes, bei zunehmendem Mond zwischen Neu- und Halbmond.

Kräuter sammeln: im ersten oder zweiten Viertel, bei zunehmendem Mond zwischen Neu- und Vollmond.

Kräuter trocknen: im dritten oder vierten Viertel, bei abnehmendem Mond zwischen Voll- und Neumond.

Kräuterwurzeln ausgraben: im dritten oder vierten Viertel, bei abnehmendem Mond zwischen Voll- und Neumond.

Kürbis aussäen: im zweiten Viertel, bei zunehmendem Mond zwischen Halb- und Vollmond.

Labile Zeichen: folgen immer auf die *fixen* und gelten als unbeständig, oft negativ und unzuverlässig. Die labilen Zeichen sind Zwillinge, Jungfrau, Schütze und Fische.

Laubbäume anpflanzen: im dritten Viertel, also bei abnehmendem Mond zwischen Voll- und Halbmond.

Läusc auf Sträuchern: werden durch ein kurzes Heißwasserbad (höchstens 55 Grad Celsius) vertrieben. Die befallenen Triebspitzen und Zweige einige Sekunden ins heiße Wasser tauchen.

Linsen: sät man im letzten Mondviertel, also zwischen Halb- und Neumond.

Luftzeichen: die Sternzeichen Zwillinge, Waage und Wassermann, die dem Element Luft zugeordnet sind.

Maulwurfsgrillen: werden vertrieben, wenn man Erlenrinde abkocht und das Wasser dann ins Beet gießt.

Mehrjährige Pflanzen: bei abnehmendem Mond setzen oder aussäen.

Melonen aussäen: allgemein im ersten Viertel des Mondes, also bei zunehmendem Mond zwischen Neu- und Halbmond.

Mistbeete: sollten immer morgens gegossen werden.

Möhren anpflanzen oder säen: im dritten Viertel, bei abnehmendem Mond zwischen Voll- und Halbmond.

Möhren ernten: im ersten oder zweiten Viertel für den sofortigen Verbrauch, im dritten oder vierten Viertel für die Einlagerung. Am besten so spät wie möglich ernten, weil Möhren bis in den Spätherbst hinein wachsen und die ersten Fröste durchaus vertragen.

Möhrenfliegen: kann man durch die gezielte Anpflanzung von Zwiebeln zwischen den Möhren vertreiben. Auch Zwiebeljauche vertreibt Möhrenfliegen sofort. Die Schalen von 4 Zwiebeln mit 3 Litern kochendem Wasser aufbrühen, alles über Nacht durchziehen lassen und mit diesem Aufguss dann die Möhren gießen.

Mond im Krebs: *Blatttag*; ist etwas ganz Besonderes: Denn der Krebs ist dem Mond zugeordnet. Fruchtbarkeit ist hier sozusagen vorprogrammiert. Alle Aussaat, alle Pflanzungen gedeihen bestens, alles wächst besonders schnell. Krebstage sind auch gut zum Gießen: Die Pflanzen nehmen das Wasser jetzt am besten auf. Dasselbe gilt für Dünger.

Mond im Löwen: *Fruchttag*; das unfruchtbarste der zwölf Tierkreiszeichen. Setzlinge können verdorren, Samen nicht aufgehen. Gut sind Löwemondtage zum Rasenmähen, Unkrautjäten und Entfernen all jener Pflanzen, die Sie nicht mehr im Garten oder auf dem Balkon haben wollen. Die Wirkung verstärkt sich natürlich noch, wenn Sie solche Arbeiten an einem Tag im August tun, dem Monat des Löwen.

Mond im Schützen: *Fruchttag*; keine gute Zeit zum Säen und Pflanzen, mit Ausnahme von Obstbäumen. Der Schützemond regt nämlich die Fruchtbildung an. Außerdem ein guter Tag für die Gartenpflege und für die Ernte.

Mond im Skorpion: *Blatttag*; nach dem Krebsmond das fruchtbarste Zeichen. Denn Skorpion wird von Pluto regiert. Wer jetzt Blumen aussät, Gemüse und Obst anpflanzt, wird reiche Ernte halten können. Mehrjährige Pflanzen, die man an Skorpiontagen anpflanzt, sind besonders widerstandsfähig, auch an frostkalten Tagen im Winter.

Mond im Steinbock: *Wurzeltag*; gilt als »halbfruchtbar«, das Herrscherzeichen des Steinbocks ist der hemmende Saturn. Gut für den Anbau von Pflanzen, die die Früchte unter der Erde tragen. Der Steinbock beeinflusst außer den Wurzeln auch Stamm und Rinde: Sie können also auch gut Sträucher, Büsche und Bäume anpflanzen. Nur: Von blühenden Blumen sollten Sie heute die Finger lassen.

Mond im Stier: *Wurzeltag*; ideal, um Pflanzen zu setzen oder zu säen, bei denen sich die Kraft des Mondes in den Wurzeln oder Knollen konzentrieren soll. Alles wächst mühelos an.

Mond im Wassermann: *Blütentag*; ist bestens geeignet fürs Jäten, Graben und die Schädlingsbekämpfung. Für Aussaat und als Pflanztag ist der Wassermannmond ungeeignet.

Mond im Steinbock: *Wurzeltag*; nichts anpflanzen oder säen, vor allem keine blühenden Blumen.

Mond im Widder: *Fruchttag*; absolut ungeeignet als Pflanz- oder Saattag. Der Widdermond beeinflusst jedoch Reife und Samenbildung, ist also eine gute Zeit zum Ernten. Auch Graben, Hacken und Unkrautjäten sollte man jetzt.

Mond in den Fischen: *Blatttag*; eine feuchte und fruchtbare Zeit, fast ebenso wie Krebs und Skorpion. Sie können alles säen und anpflanzen, es wird gut gedeihen. Vor allem für Wurzelgemüse und Blumen, die aus Zwiebeln und Knollen wachsen, sind Fischetage ideal.

Mond in den Zwillingen: *Blütentag*; ist nur dann ideal, wenn Sie Rank- oder Kletterpflanzen aussäen. Alles andere wird nämlich dünn und kraftlos. Gut ist der Zwillingsmond für

Bodenpflege und Ernte. Wer seinen Rasen an Zwillingstagen mäht, wird staunen, wie langsam er nachwächst.

Mond in der Jungfrau: *Wurzeltag*; gilt als unfruchtbar, denn die Jungfrau wird vom Planeten Merkur regiert. An solchen Tagen sollten Sie kein Gemüse pflanzen. Eine Ausnahme sind einjährige Sommerblumen und *Rankpflanzen*: Sie wachsen besonders schnell und blühen ausgiebig. Und noch etwas ist an Jungfrautagen günstig: wenn Sie Schädlinge entfernen möchten.

Mond in der Waage: *Blütentag*; stets fruchtbar, gut für die Aussaat und zum Pflanzen. Blumen und Blüten sprechen besonders gut an. Wer jetzt Rosen pflanzt, wird sich über eine wahre Blütenpracht freuen können. Auch Gemüse gedeiht jetzt gut.

Nachtzeichen: sind passiv, feucht und fruchtbar. Man rechnet dazu Stier, Krebs, Jungfrau, Skorpion, Steinbock und Fische.

Obst anpflanzen: wenn der Mond im Skorpion steht (*Blatttag*); so können Sie reich ernten.

Obst ernten für den sofortigen Verzehr: im ersten oder zweiten Viertel, bei zunehmendem Mond zwischen Neu- und Vollmond.

Obst ernten für eine längere Lagerung: im dritten oder vierten Viertel, also bei abnehmendem Mond zwischen Voll- und Neumond.

Obstbäume anpflanzen: zu *Mond im Schützen* (*Fruchttag*). Am besten im Herbst anpflanzen, dann hat der Baum im Frühjahr schon neue Wurzeln gebildet. Lediglich bei schwerem Boden empfiehlt sich die Pflanzung im Frühling: Junge Wurzeltriebe könnten in den oft nassen Böden über den Winter leicht von einer Wurzelfäule befallen werden.

Obstbäume besprühen: im vierten Viertel, bei abnehmendem Mond zwischen Halb- und Neumond.

Organische Dünger verteilen und untergraben: im dritten oder vierten Viertel, bei abnehmendem Mond zwischen Voll- und Neumond.

Paprika aussäen: im zweiten Viertel, bei zunehmendem Mond zwischen Halb- und Vollmond.

Pastinake anpflanzen: im dritten Viertel, bei abnehmendem Mond zwischen Voll- und Halbmond.

Petersilie aussäen: im ersten Viertel des Mondes, bei zunehmendem Mond zwischen Neu- und Halbmond.

Pfirsich anpflanzen: im dritten Viertel, bei abnehmendem Mond zwischen Voll- und Halbmond.

Pflanzen, mehrjährige, anbauen: wenn der *Mond im Skorpion* steht (*Blatttag*). Die Pflanzen sind dann besonders widerstandsfähig, auch an frostkalten Tagen im Winter.

Pflanzen anbauen, säen oder setzen: allgemein im ersten Viertel des Mondes, bei zunehmendem Mond zwischen Neu- und Halbmond. Genaueres siehe unter den einzelnen Pflanzen.

Pflanzen ausdünnen: im dritten oder vierten Viertel, bei abnehmendem Mond zwischen Voll- und Neumond.

Pflanzen beschneiden: im dritten oder vierten Viertel, bei abnehmendem Mond zwischen Voll- und Neumond.

Pflanzen bewässern: im ersten oder zweiten Viertel, bei zunehmendem Mond zwischen Neu- und Vollmond.

Pflanzen umsetzen: wenn der *Mond im Stier* steht (*Wurzeltag*) – alles wächst mühelos an.

Pflanzen veredeln: im ersten oder zweiten Viertel, bei zunehmendem Mond zwischen Neu- und Vollmond.

Pflaume anpflanzen: im dritten Viertel, bei abnehmendem Mond zwischen Voll- und Halbmond.

Pilze sammeln: im ersten oder zweiten Viertel, bei zunehmendem Mond zwischen Neu- und Vollmond.

Porree (Lauch) aussäen: im zweiten Viertel, bei zunehmendem Mond zwischen Halb- und Vollmond.

Radieschen anpflanzen: im dritten Viertel, bei abnehmendem Mond zwischen Voll- und Halbmond.

Rank- und Kletterpflanzen aussäen: Schöne Blüten und Sichtschutz gibt es bei der Aussaat im Jungfraumond. Die Triebe wachsen am schnellsten in die Höhe, wenn man sie an einem Skorpiontag sät oder pflanzt. Wenn Sie dagegen eine gute Ernte erwarten – zum Beispiel bei Feuerbohnen – sollten Sie im Zeichen der Fische pflanzen oder säen.

Rasen aussäen: im ersten oder zweiten Viertel, bei zunehmendem Mond zwischen Neu- und Vollmond.

Rasen mähen: Wenn an diesem Tag der *Mond im Zwilling* oder *Löwen* steht, wächst der Rasen nur langsam nach.

Rhabarber anpflanzen oder säen: im dritten Viertel, bei abnehmendem Mond zwischen Voll- und Halbmond.

Rinde: siehe *Stamm und Rinde*.

Rinden sammeln für medizinische Tees: im dritten oder vierten Viertel, bei abnehmendem Mond zwischen Voll- und Neumond.

Rodungstage: siehe *Schwendtage*.

Rosen pflanzen: wenn der *Mond in der Waage (Blütentag)* steht.

Rosen schneiden: am besten im Frühjahr, kurz vor dem Austreiben und bei abnehmendem Mond.

Rosen setzen: im zweiten Viertel, bei zunehmendem Mond zwischen Halb- und Vollmond.

Rosenblüten schneiden: an *Blütentagen*, wenn sie in schönster Blüte stehen. Das stärkt den Rosenstock und veranlasst ihn zum Austreiben immer neuer Knospen und Blüten.

Rosenkohl aussäen: im ersten Viertel des Mondes, bei zunehmendem Mond zwischen Neu- und Halbmond. Rosenkohl wächst den Winter hindurch langsam, aber stetig weiter. Sollten sich jedoch bis Mitte September nicht genügend Röschen gebildet haben, kann man die Pflanze köpfen und so die Röschenbildung anregen.

Rote Bete anpflanzen: im dritten Viertel, bei abnehmendem Mond zwischen Voll- und Halbmond.

Rüben anpflanzen: im dritten Viertel, bei abnehmendem Mond zwischen Voll- und Halbmond.

Saat sammeln für eine lange Lagerung: im dritten oder vierten Viertel, bei abnehmendem Mond zwischen Voll- und Neumond.

Saatknollen anpflanzen und säen: im dritten Viertel, bei abnehmendem Mond zwischen Voll- und Halbmond.

Salbei anpflanzen und säen: im dritten Viertel, bei abnehmendem Mond zwischen Voll- und Halbmond.

Schädlingsbekämpfung: wenn der *Mond im Steinbock (Blütentag)* steht. Schadinsekten aller Art werden dann durch einen Kartoffelsud vertrieben. Einfach das abgekühlte Kochwasser von Kartoffeln zum Besprengen der Pflanzen verwenden.

Schalotten aussäen: im zweiten Viertel, bei zunehmendem Mond zwischen Halb- und Vollmond.

Schnecken: fängt man auf Rhabarberblättern. Einfach im Garten auslegen, und die Schnecken dann einsammeln. Kleie, besonders Roggenkleie, zieht Schnecken ebenfalls magisch an. Legt man als Lockspeise kleine Kleiehäufchen im Garten aus, kann man die Schnecken bequem einsammeln und aus dem Garten entfernen.

Schnittblumen: bleiben länger frisch, wenn Roter Fingerhut mit in der Vase steht. Gehören Narzissen zu einem Strauß, so sollte man diese zunächst etwa zwei Stunden lang allein in ein mit Wasser gefülltes Gefäß stellen. Narzissen haben nämlich einen Wirkstoff, der andere Blumen in der Vase zum schnelleren Welken bringt.

Schnittlauch aussäen: im zweiten Viertel. Er wächst besonders gut, wenn er mit Kaffeesatz gedüngt wird.

Schwendtage: Rodungstage; An diesen Tagen darf nach alter Überlieferung *Holz* geschlagen werden. Es sind dies der 3. April, der 22. Juni und der 30. Juli. Noch besser ist das Ergebnis des Holzschlags, wenn diese Tage auf einen abnehmenden Mond fallen: Dann wachsen abgeholzte Bäume und Sträucher nicht mehr nach. Alternativ zu diesen drei Schwendtagen kann man Holz auch an den letzten drei Tagen im Februar fällen, wenn sie auf einen abnehmenden Mond fallen. Jetzt geschlagenes Holz wächst nicht mehr nach, sogar die Wurzel verfault.

Sellerie anpflanzen und säen: im dritten Viertel, bei abnehmendem Mond zwischen Voll- und Halbmond. Sellerie sollte gelegentlich mit einem Guss Salzwasser (ein Esslöffel auf zehn Liter Wasser) getränkt werden. Dann gedeiht er noch besser.

Sommerblumen, einjährige, pflanzen: wenn der *Mond in der Jungfrau* steht (*Wurzeltag*). Sommerblumen wachsen danach besonders schnell und werden reichlich blühen.

Sonnenblumen anpflanzen und säen: im dritten Viertel, bei abnehmendem Mond zwischen Voll- und Halbmond.

Spargel aussäen: allgemein im ersten Viertel des Mondes, bei zunehmendem Mond zwischen Neu- und Halbmond.

Spargelfliegen: werden durch Leimholz vertrieben. Zwischen April und Ende Juni, der Zeit des Spargelstechens, sollte man im Beet spargeldicke, weiße Holzstäbe verteilen, die man mit Fliegenleim bestrichen hat.

Spinat aussäen: im ersten Viertel, bis zunehmendem Mond.

Stachelbeeren anpflanzen: im zweiten Viertel, bei zunehmendem Mond zwischen Halb- und Vollmond. Bei Stachelbeeren sollte man zunächst nur die Hälfte der Früchte pflücken, und zwar noch unreif. Die restlichen Beeren werden dann besonders groß und süß. Die grünen Beeren kann man für Marmelade oder Kompott verwenden.

Stamm und Rinde: wenn der Mond im Steinbock steht (*Wurzeltag*) – ideal für das Anpflanzen von Sträuchern, Büschen und Bäumen.

Steckrüben anpflanzen: im dritten Viertel, bei abnehmendem Mond zwischen Voll- und Halbmond.

Tage mit trockener Witterung: entziehen dem Obst Feuchtigkeit. Vor der Ernte also unbedingt noch einmal wässern, wenn es sehr heiß und trocken ist.

Tagzeichen: sind aktiv und trocken. Man rechnet dazu Widder, Zwillinge, Löwe, Waage, Schütze und Wassermann.

Tomaten aussäen: im zweiten Viertel, bei zunehmendem Mond zwischen Halb- und Vollmond.

Tomaten beschneiden: im dritten oder vierten Viertel, bei abnehmendem Mond zwischen Voll- und Neumond.

Torf ausstreuen: im dritten Viertel, bei abnehmendem Mond zwischen Voll- und Halbmond.

Torf stechen: im dritten oder vierten Viertel, bei abnehmendem Mond zwischen Voll- und Neumond.

Trauben ernten zum Weinkeltern: im zweiten Viertel, bei zunehmendem Mond zwischen Halb- und Vollmond, am besten kurz vor Vollmond.

Umgraben: wenn der Mond im Wassermann steht (*Blütentag*).

Umpflanzen, Umtopfen von jungen Trieben: im ersten oder zweiten Viertel, bei zunehmendem Mond zwischen Neu- und Vollmond.

Ungeziefer entfernen: wenn der *Mond in der Jungfrau* steht (*Wurzeltag*).

Unkraut jäten: wenn der *Mond im Widder* steht (*Fruchttag*). Ebenso geeignet: *Mond im Löwen* (*Fruchttag*) – das unfruchtbarste der zwölf Tierkreiszeichen: Unerwünschte Pflanzen im Garten oder auf dem Balkon lassen sich jetzt gut entfernen. Empfehlenswert ist auch der Monat August, der Monat des Löwen – die Wirkung wird noch verstärkt.

Unkraut vernichten: im dritten oder vierten Viertel, bei abnehmendem Mond zwischen Voll- und Neumond.

Untergeordnete Zeichen: siehe *Fixzeichen* und *Labile Zeichen*.

Vögel: werden von Kirschbäumen fern gehalten, wenn man dort Heringe aufhängt. Dieselbe Methode funktioniert auch im Erdbeerbeet: Alle zwei bis drei Meter einen 50 Zentimeter langen Pfahl in die Erde rammen und einen Hering daran befestigen.

Wassermelonen aussäen: im zweiten Viertel, bei zunehmendem Mond zwischen Halb- und Vollmond.

Wasserzeichen: die Sternzeichen Krebs, Skorpion und Fische, die dem Element Wasser zugeordnet sind.

Weizen: sät man am Quatember (= also dem Tag, an dem ein neues Quartal beginnt) und nur, wenn Mond und Sonne nicht gleichzeitig am Himmel stehen.

Wicken: sät man im letzten Mondviertel.

Wühlmäuse: mögen keinen Holunder: Wenn man die Zweige oder zerriebene Holunderblätter in die Gänge stopft, fliehen sie. Noch wirksamer ist eine Jauche aus Holunderblättern. Ein Kilo frische Blätter mit zehn Litern Wasser ansetzen und zehn bis vierzehn Tage stehen lassen; täglich umrühren, bis es nicht mehr schäumt. Wühlmäuse werden auch von Knoblauch vertrieben. Einfach um die belagerten Bäume herum pflanzen.

Wurzelgemüse aus Zwiebeln und Knollen anpflanzen: wenn der Mond in den Fischen steht *(Blatttag)*.

Wurzeltag: alle Tage, an denen der Mond in einem der *Erdzeichen* Stier, Jungfrau oder Steinbock steht.

Zichorie anpflanzen und säen: im dritten Viertel, bei abnehmendem Mond zwischen Voll- und Halbmond.

Zuckermelonen aussäen: im zweiten Viertel, bei zunehmendem Mond zwischen Halb- und Vollmond.

Zweijährige Pflanzen: bei abnehmendem Mond aussäen. Zweijährige Pflanzen werden zwar im Frühjahr gesät, blühen aber erst im Sommer des darauf folgenden Jahres.

Zwiebelfliegen: werden durch Holzkohle vertrieben. Die Pflanzen werden im Juni und Juli immer wieder mit Holzkohlepulver bestäubt. Man sollte aber ein paar Blüten ohne Pulver lassen – als Köder. Diese beobachtet man dann genau: Sind sie von Zwiebelfliegen befallen, reißt man sie aus und kompostiert sie.

Zwiebeln aussäen: im zweiten Viertel, bei zunehmendem Mond zwischen Halb- und Vollmond – am besten kurz vor Vollmond, wenn Trockenheit herrscht.

Zwiebelsetzlinge anpflanzen: im dritten Viertel, bei abnehmendem Mond zwischen Voll- und Halbmond.

Kapitel 6

Der Mond: Ernährung, Gesundheit und Schönheit

Wer im Einklang mit der Natur leben möchte, dem muss bewusst sein: All unsere körperlichen Belange hängen mit dem Mond zusammen und sollten mit ihm in Einklang stehen. Speziell für die Ernährung sollten Sie wissen: Die Tierkreiszeichen und auch die einzelnen Tage sind jeweils einem Element und damit bestimmten Eigenschaften unterworfen. Auch jedes Nahrungsmittel und jede Pflanze lassen sich mit diesen Elementen verbinden:

- Feuer entspricht bei einer Pflanze der Frucht,
- Wasser dem Blatt,
- Erde der Wurzel und
- Luft der Blüte.

Für den Zusammenhang von Tagen und Nahrungsmitteln ergibt sich daher:

- Feuer entspricht den *Wärmetagen*. Als Nahrungsqualität kommt das dem Eiweiß gleich. Die Tage, an denen das Element Feuer vorherrscht, wirken sich vor allem auf unsere Sinnesorgane aus. Und wir können alle zugeführten Eiweiße besser auswerten und verarbeiten.
- Wasser entspricht den *Wassertagen*. Als Nahrungsqualität kommt das den Kohlenhydraten gleich. Die Tage, an denen das Element Wasser vorherrscht, beeinflussen unser Nervensystem. Wir können alle Kohlenhydrate besser auswerten und verarbeiten.

- Erde entspricht den *Kältetagen.* Als Nahrungsqualität kommt dies dem Salz gleich. Die Tage, an denen das Element Erde vorherrscht, sind wichtig für die Bluternährung. Wir können Salz und salzige Speisen besser auswerten und verarbeiten.
- Luft entspricht den *Lichttagen.* Als Nahrungsqualität kommt dies Fetten und Ölen gleich. Die Tage, an denen das Element Luft vorherrscht, sind wichtig für das Drüsensystem unseres Körpers. Wir können Fette und Öle sowie alle fetthaltigen Speisen besser auswerten und verarbeiten.

Wer sich ausgewogen und im Einklang mit dem Mond ernähren will, hält sich am besten an die so genannte Ernährungspyramide. Sie erleichtert einerseits das Einkaufen der Lebensmittel und natürlich auch ihren Verzehr. Der Sockel dieser Pyramide besteht aus dem, was wir Grundnahrungsmittel nennen: also Brot, Getreide, Reis und Nudeln. Sie alle bestehen aus komplexen Kohlenhydraten, ohne die unser Organismus nicht funktionieren kann. Die zweite Stufe der Pyramide teilt sich in zwei gleich große Felder auf: eines für Obst, das andere für Gemüse. Auch diese Nahrungsmittel enthalten komplexe Kohlenhydrate. Die dritte Stufe der Ernährungspyramide ist ebenfalls in zwei Felder unterteilt – im Verhältnis zur Größe der zweiten Stufe allerdings deutlich kleiner. In einem dieser Felder finden Sie Lebensmittel wie Milch, Joghurt und Käse; im anderen Fleisch, Geflügel, Fisch, Hülsenfrüchte, Eier und Nüsse. Aus beiden Gruppen sollte man geringere Mengen essen. Denn die meisten dieser Nahrungsmittel sind reich an Cholesterin und gesättigten Fettsäuren. Damit bergen sie das erhöhte Risiko von Herz- und Gefäßkrankheiten oder auch Krebs. An der Spitze der Pyramide findet man ein sehr kleines Feld: Darin sind Fette, Öle

und Süßigkeiten verzeichnet. In diesen Lebensmitteln sind kaum Nährstoffe enthalten, deshalb sollten sie auf dem Speiseplan nur selten und in sehr geringem Maße auftauchen.
Wer eine Diät machen will, sollte sich wirklich nicht für eine der in zahlreichen Zeitschriften angepriesenen »Crashdiäten« entscheiden. Viel besser ist es, sich ausgewogen zu ernähren – das heißt, sich an die Ernährungspyramide zu halten. Dann purzeln die Pfunde von ganz allein. Der Zeitpunkt, an dem Sie mit einer Diät beginnen, ist entscheidend: Mit dem Neumond kommt der beste Tag, um den Entschluss zu fassen, mit einer Diät – oder besser: mit einer ausgewogenen Ernährung – zu beginnen. Wenn der Mond einen neuen Zyklus beginnt, sind auch wir offen für alles Neue. Es fällt uns leichter, umzuschwenken und neue Pläne zu verwirklichen. Denn Sonne und Mond stehen jetzt im gleichen Tierkreiszeichen, all ihre Energien sind auf einen Punkt konzentriert. Vom Mond gehen deshalb besonders starke Impulse aus.
Der abnehmende Mond ist dann die Phase, in der man Ausschwemmungen durchführt und Entgiftungen – kurz alles, was den Körper reinigen soll.

Dass Mond und Gesundheit eng zusammenhängen, beweisen moderne Untersuchungen. Doch schon aus der Antike, von Hippokrates (460 v. Chr. bis 377 v. Chr.), stammt eine wichtige medizinische Regel, die leider in Vergessenheit geraten ist. Der »Vater der Heilkunde« war der festen Überzeugung, dass die Sterne und vor allem der Mond Einfluss auf die Gesundheit des Menschen hätten. Deshalb galt für ihn die Maxime für Operationen aller Art: »Berühre nicht mit Eisen den Teil eines Körpers, der von dem Zeichen regiert wird, durch das der Mond in der Zeit läuft.« Diese Regel macht eines klar: Schon im Altertum rechnete man bestimmte

Körperteile bestimmten Tierkreiszeichen zu. Dabei gilt bis heute:

Die Entsprechung von Sternzeichen und Körperteil

Sternzeichen	**entspricht dem Körperteil**
♈	Kopf und Gesicht
♉	Hals und Nacken
♊	Schultern und Arme
♋	Brust und Magen
♌	Rücken und Herz
♍	Eingeweide, Darm und Solarplexus
♎	Nieren, Eierstöcke und Lenden
♏	Geschlechtsorgane
♐	Hüften
♑	Knie
♒	Fußknöchel
♓	Füße

Wenn Sie den Zeitpunkt einer Operation bestimmen können, sollten Sie sich an den Mondkalender und die oben stehende Tabelle halten. Andernfalls kann es zu Komplikationen kommen: Die Operationswunde wird langsamer heilen, Infektionen können auftreten. Notfälle sind natürlich von dieser strikten Regel ausgenommen!

Die Regeln der Mondmedizin besagen:

- Der beste Zeitpunkt für eine Operation ist, wenn der Mond in einem Zeichen steht, dessen zugehöriges Körperteil möglichst weit vom zu operierenden Körperteil entfernt liegt.

- Der Mond sollte bei einer Operation auch nicht im Sonnenzeichen und Aszendenten des Patienten stehen.
- Man sollte sich nicht operieren lassen, wenn ein Mondwechsel bevorsteht. Zu diesem Zeitpunkt bluten Wunden nämlich stärker.

All diese Regeln gelten auch für einen Besuch beim Zahnarzt. Harmlose Behandlungen – wie Plombieren, Zahnsteinentfernung und Ähnliches – können Sie natürlich jederzeit durchführen lassen. Wegen solcher kleinen Eingriffe müssen Sie nicht auf die Mondphasen achten. Anders sieht es jedoch aus, wenn Ihr Zahnarzt kompliziertere Behandlungen vorhat – etwa, wenn Ihnen ein Zahn (besonders ein Weisheitszahn) gezogen werden muss oder wenn Sie eine Parodontosebehandlung erwartet, die mit starken Blutungen verbunden sein kann. Hüten Sie sich auch davor, Kieferoperationen durchführen zu lassen, wenn der Mond in den Sternzeichen Widder oder Stier steht, den Herrscherzeichen von Kopf, Hals und Nacken.

Das Wissen um die heilenden Kräfte der Pflanzen ist uralt. Schon in der Grabstätte eines Neandertalers fand man einige Heilpflanzen. Vor mehr als 5 000 Jahren gab es bei den Sumerern ein erstes Kräuterbuch. Die Griechen kannten im ersten nachchristlichen Jahrhundert das fünfbändige Werk »De materia medica«, in dem mehr als 600 Pflanzen ausführlich mit ihrer jeweiligen Heilwirkung beschrieben sind. Vom römischen Geschichtsschreiber Plinius (23 bis 79 n. Chr.) ist die »Naturalis historia« (»Naturgeschichte«) in 37 Büchern erhalten, in der unter anderem naturwissenschaftliche und medizinische Erkenntnisse über Heilpflanzen aufgelistet werden. Bis ins 16. Jahrhundert hinein waren das griechische und das römische Werk bestimmend für die Heilkunde. Der Mond und seine Wirkung auf Pflanzen werden in ihnen niemals außer Acht gelassen. Wichtig für das Sammeln von Heilkräutern ist immer die richtige Zeit. Nicht nur die Mondphase, sondern auch das Tierkreiszeichen, das er gerade durchläuft, müssen beachtet werden.

Die Schönheitspflege ist ebenfalls von alters her eine Angelegenheit, die mit dem Mond in Verbindung steht. Allein dem Mondlicht wird eine magische Wirkung nachgesagt. Aber es gibt auch ganz handfeste Pflegetipps für Haut und Haare. Schon die alten Römer kannten »Problemhaar« – das ist also keine Erfindung der Werbung in unserer modernen Zeit. Nur wer seine Haarpflege im Einklang mit dem Mond betrieb, konnte auf Erfolg – sprich: schönes, volles Haar – hoffen. Der römische Kaiser Tiberius (von 42 v. Chr. bis 37 n. Chr.) ließ seinen Barbier stets nur bei zunehmendem Mond kommen. Dann sollte das Haar nach einem Schnitt schneller und kräftiger wachsen. Ganz allgemein gelten nämlich auch für die Schönheitspflege die beiden wichtigsten Mondregeln:

- Der zunehmende Mond hilft bei allem, was wachsen und gedeihen soll.
- Der abnehmende Mond hilft bei allem, was vermindert werden soll.

Bei der allgemeinen Schönheitspflege – also bei Haar und Haut, Finger- und Fußnägeln – und bei der Wirkung von Cremes und Salben, Gesichtsmasken und Lotionen ist der Mond ein entscheidender Faktor. Gerade für Spezialbehandlungen sollten Sie daher auf den Mondstand achten:

- Zunehmender Mond eignet sich bestens für alle Peelings, für die Tiefenreinigung der Haut, für die Entfernung von kleinen Mitessern, Pickeln und anderen Hautunreinheiten.

- Der abnehmende Mond (und auch Neumond) sind hingegen die beste Zeit, um die Haut zu entgiften und zu entschlacken. Alle Behandlungen, die ein wenig schmerzhaft sein könnten – also auch kleinere operative Eingriffe –, sollten Sie jetzt erledigen.
- Keine Rücksicht auf den Mond müssen Sie für die alltäglichen beziehungsweise häufigeren Pflegebemühungen nehmen: also für Reinigung und Klärung der Haut, für das Auftragen von Tag- oder Nachtcreme, für Masken, Gesichtspackungen und Make-up.

Es gibt Düfte, die dem einen Sternzeichen besser gefallen und »stehen«, dem anderen weniger. Davon haben Sie sicher schon gehört. Auch dies hat selbstverständlich mit dem Mond zu tun. Der Mond steht ja für Gefühle, für unsere unbewusste Seite. Sie sollten sich daher auf ihn verlassen, wenn Sie sich ein bestimmtes Parfum aussuchen oder wenn Sie das Öl für Ihre Duftlampe kaufen.

Lexikon von A–Z

Abnehmender Mond: Er hilft bei allem, was vermindert werden soll. Zudem ist er günstig für eine *Zahnbehandlung*. Gut eignen sich diese Tage für das Einsetzen von Brücken und Kronen – sie halten dann besser. Auch eine Parodontosebehandlung empfiehlt sich, alles heilt schneller ab. Zähne sollten Sie ebenfalls jetzt ziehen lassen – Sie haben weniger Schmerzen und es heilt besser. *Diäten* sollten Sie jetzt beginnen.

Alkohol: wirkt bei zunehmendem Mond und bei Vollmond stärker als sonst.

Anti-Age-Behandlungen: Steinbocktage bei zunehmendem Mond sind die beste Zeit, um eine Creme- oder Ampullenkur gegen Falten zu beginnen. Beide Konstellationen sollten zusammenfallen.

Astromedizin: in der alten Medizin angewandte Astrologie, nach der jedem *Sternzeichen* ein bestimmter Teil des Körper zugeordnet wurde. Diese Einteilung sah so aus:

Die Entsprechung von Sternzeichen und Körperteil

Sternzeichen	entspricht dem Körperteil
	Kopf und Gesicht
	Hals und Nacken
	Schultern und Arme
	Brust und Magen
	Rücken und Herz
	Eingeweide, Darm und Solarplexus
	Nieren, Eierstöcke und Lenden
	Geschlechtsorgane
	Hüften
	Knie
	Fußknöchel
	Füße

Augen: sind bei allen drei *Feuerzeichen* wichtig, besonders aber beim Widder.

Ausscheidungsorgane: werden dem Skorpion zugeordnet. Bei zunehmendem Skorpionmond sind sie besonders empfindlich, bei abnehmendem dagegen besonders belastbar.

Bäder – anregend: wenn der Mond in den Zeichen Zwilling,

Waage oder Wassermann steht. Ideale Badezusätze sind dann Zitronen- oder Pfefferminzöl.

Bäder – aphrodisierend (anregend für das Sexualleben): wenn der Mond in den Sternzeichen Widder, Löwe oder Schütze steht. Zusätzliche Wirkung erzielen Sie, wenn Sie dem Bad einige Tropfen Rosen- oder Jasminöl zufügen.

Bäder – beruhigend: wenn der Mond in den Sternzeichen Krebs, Skorpion oder Fische steht. Dazu eignen sich als Badezusätze Kamille, Lavendel und Melisse.

Bäder – heilend: wenn der Mond in den Sternzeichen Stier, Jungfrau und Steinbock steht. Dazu ist der ideale Badezusatz bei Muskel- und Gelenkschmerzen die Eichenrinde, bei einer Erkältung Eukalyptus und bei Verspannungen Wacholder.

Bauch: ist dem Krebs zugeordnet.

Blase: ist wie die Nieren der Waage zugeordnet.

Bronchien: ordnet man sowohl Stier als auch Zwilling zu. Bei abnehmendem Mond kann man die Bronchien am besten kräftigen, bei zunehmendem sind sie dagegen eher empfindlich. Dies gilt vor allem dann, wenn der Mond zudem noch im Sternzeichen Stier oder Zwilling steht.

Brust: wird dem Krebs zugeordnet. Erkrankungen im Brustbereich lindert man am besten bei abnehmendem Mond im Krebs oder auch Steinbock.

Cellulite: siehe *Haut, straffe*.

Darm: sollte bei zunehmendem Mond, vor allem noch an Jungfrautagen, nicht außergewöhnlich belastet werden.

Depressionen: sind an Krebs- und Skorpiontagen besonders heftig.

Diät: Nehmen Sie ab, wenn es auch der Mond tut. Beginnen Sie eine Diät am besten immer bei abnehmendem Mond. Denn während der 14 Tage zwischen Vollmond und Neumond fallen die Pfunde schneller und leichter als bei zunehmendem Mond. Zusätzlich ist man in dieser Zeit auch energiegeladener und frischer, Sie werden kaum schlappmachen. Achten Sie generell auf Ihr Gewicht, so können Sie bei abnehmendem Mond gerne mal mehr essen, ohne zuzunehmen. Andererseits werden Sie bei zunehmendem Mond schneller zunehmen, selbst wenn Sie die gleichen Mengen essen wie normalerweise.

Düfte: Jedes Sternzeichen hat seinen ganz speziellen Duft. Man unterscheidet auch dies nach den Elementen. Feuer- und Luftzeichen (also Widder, Löwe und Schütze sowie Zwillinge, Waage und Wassermann) gelten ganz allgemein als eher lebendig, aktiv, extrovertiert, direkt und ausdrucksstark. Erd- und Wasserzeichen (Stier, Jungfrau und Steinbock sowie Krebs, Skorpion und Fische) kennzeichnet man eher als zurückhaltend, passiv, abwartend und empfänglich.

Elemente, Sternzeichen und ihre Düfte

Element/Tierkreiszeichen	Duft
Feuer: Widder, Löwe, Schütze	Cassia, Kampfer, Kardamom, Melisse, Myrre, Nelke, Weihrauch und Zimt
Erde: Stier, Jungfrau, Steinbock	Amyris, Angelikawurzel, Cistrose, Galbanum, Gujaholz, Immortelle, Iris, Moschuskörner, Muskatnuss, Myrre, Narde, Patschuli, Perubalsam, Sandelholz, Vetiver, Zeder, Zypresse
Luft: Zwillinge, Waage, Wassermann	Bergamotte, Citronelle, Eukalyptus, Fichtenöle, Ingwer, Kampfer, Kiefernöle, Lavendel, Lemongrass,

Element/Tierkreiszeichen	Duft
Luft: Zwillinge, Waage, Wassermann	Limette, Melisse, Minze, Myrte, Nelke, Orange, Pampelmuse, Pinie, Weihrauch, Ysop und Zitrone.
Wasser: Krebs, Skorpion, Fische	Anis, Cistrose, Clementine, Geranie, Honig, Hyazinthe, Jasmin, Kamille, Mimose, Narzisse, Neroli, Palmarosa, Rose, Rosenholz, Vanille, Veilchenblätter, Ylang-Ylang.

Jeder dieser verstärkenden Düfte kann durch das Gegenelement abgeschwächt werden: Luft wird von Erde vermindert, Wasser von Feuer; Feuer von Wasser; Erde von Luft. Diese oben stehende Dufttabelle gilt insbesondere für ätherische Öle, die Sie in der Duftlampe verdunsten lassen.

Duft für den Fisch: nur schwer zuzuordnen, denn hier kommen viele infrage. Dennoch gilt: Immortelle öffnet sein Unterbewusstsein. Muskatellersalbei wirkt euphorisierend, Jasmin bringt seine tiefsten Gefühle ans Tageslicht. Ylang-Ylang unterstützt seine Feinfühligkeit, Lavendel wirkt harmonisierend und entspannend. Zitrone, Wacholder und Eukalyptus stärken seine Konzentration.

Duft für den Krebs: nach Blüten riechend: Iris, Neroli und Rose entsprechen seinen Gefühlen. Jasmin entspricht seiner Weiblichkeit, Geranie seinem Gemüt; Kampfer, Zimt und Zitrone geben ihm Energie, die Zeder sorgt für Halt und Zuversicht.

Duft für den Löwen: feurige und blumige Düfte: Kampfer, Pfeffer, Cassia und Zimt entsprechen seinem Temperament und wecken seine Energien. Orange und Neroli beruhigen ihn, Cistrose und Mimose lassen ihn sanft werden; Rosmarin gibt dem Löwen Kraft, sich allen Anforderungen des Lebens zu stellen. Patschuli, Weihrauch und Sandelholz besänftigen den Löwen, Myrre spornt ihn an.

Duft für den Schützen: luftig-leichte und fruchtige Düfte: Muskatellersalbei verleiht ihm geistig Flügel. Ysop ist mental anregend, Zitrone gibt geistige Klarheit, Blutorange dagegen Feuer und Spontaneität. Bergamotte wirkt entspannend; Kamille, Mimose und Cistrose dämpfen den Schützen, Rosmarin regt ihn an. Ingwer, Pfeffer und Muskat machen ihn feurig.

Duft für den Skorpion: kräftige Holz- und stark blütige Düfte: Moschuskörner und Patschuli sprechen den Sinn für Tiefen an. Mit Jasmin regt sich die Sinnlichkeit; Kiefer, Pinie, Zypresse und Tanne geben dem Skorpion Leichtigkeit. Galbanum wirkt harmonisierend, Rosmarin und Ingwer stärken ihn. Die Rose rührt sein Herz an.

Duft für den Steinbock: kräftige Holzdüfte und wohlriechende Wurzeln – also erdige Düfte: Zirbelkiefer, Zeder und Zypresse entsprechen seinem Lebensziel. Immortelle öffnet seine Gefühle, Mimose und Cistrose helfen, emotionale Kälte aufzulösen. Weihrauch entspannt den Steinbock; Ysop schärft seinen Geist, Lorbeer verhilft ihm zu Weitblick.

Duft für den Stier: schwere, blütige und sinnliche Düfte: Ylang-Ylang und Jasmin machen den starren Stier weicher, Patschuli beruhigt seine Nerven; mit Moschus fühlt er sich in seinem Element, Sandelholz unterstützt seine Ruhe, Vanille spricht seinen Sinn fürs Süße an; Rose und Veilchen machen den Stier empfänglich und offen, die Geranie harmonisiert ihn.

Duft für den Wassermann: frische und blumige Düfte, aber auch wohlriechende Wurzeln: Bergamotte und Eukalyptus regen seinen Geist an; Eisenkraut stärkt sein Denkvermögen, Pinie und Kiefer machen ihn frei; Kampfer und Rosmarin stärken sein Herz; Davana gibt ihm Weichheit. Sandelholz bremst übertriebene Aktivitäten und Weihrauch beruhigt den Wassermann.

Duft für den Widder: duftende Hölzer und Gewürze: Zeder beruhigt ihn, Zypresse gibt ihm Halt, Pinie macht ihn leicht und luftig. Limette stimuliert seine Aktivitäten; Pfeffer, Koriander, Zimt und Kardamom lassen den Widder sein eigenes Feuer spüren. Die Rose verhilft ihm zu Geduld, Basilikum entspannt, die Geranie sorgt für Ausgleich.

Duft für den Zwilling: frische, spritzige Düfte: Lavendel stärkt ihn, Muskatellersalbei beschwingt, Lorbeer verhilft seiner wahren Natur zum Durchbruch. Minze und Rose lassen ihn klar denken, Sandelholz und Narde führen ihn in die Realität, Immortelle und Vetiver beruhigen.

Duft für die Jungfrau: waldig-fruchtige und frische Blütendüfte: Lavendel entspricht ihrer Klarheit, ebenso der Lorbeer. Myrte hilft beim Ausgleich, Zitrone bei der Konzentration. Minze stimuliert, Fenchel macht weich und nachgiebig; Zimt fördert die Sexualität und Bergamotte heitert die Jungfrau auf. Iris unterstützt die Kreativität der Jungfrau, Weihrauch löst ihre Ängste auf.

Duft für die Waage: milde, blütige Düfte: Neroli als Venusduft kommt ihr besonders entgegen. Geranie fördert die innere Harmonie, die Rose macht weich und sanftmütig. Sandelholz, Zeder und Zypresse stabilisieren, Ylang-Ylang löst Verspannungen, Moschus spricht die sinnliche Seite der Waage an, Minze und Zitrone dagegen sorgen für Klarheit.

Dunkles Haar: wird heller, wenn es bei Vollmond geschnitten wird.

Eingewachsene Fußnägel: bei zunehmendem Mond korrigieren und schneiden, dann wachsen sie nicht wieder falsch nach.

Eiweißtage: entsprechen den *Feuerzeichen*.

Entgiften/Entschlacken: am besten bei abnehmendem Mond und Neumond. Hartnäckige Pickel oder Grießkörner lassen sich jetzt am besten entfernen. In dieser Mondphase ist die Haut weniger durchblutet und deshalb nicht so empfindlich gegen Schmerzen.

Entspannen: Steht der Mond in einem *Feuerzeichen*, kann man sich besonders gut durch Bewegung entspannen. Steht der Mond in einem *Wasserzeichen*, entspannt man am besten durch Ruhe und Muße. Beim Mond in einem *Luftzeichen* tragen neue Ideen zur Entspannung bei, beim Mond in einem *Erdzeichen* entspannt man sich durch greifbare Erlebnisse.

Erdzeichen: *Stier*, *Jungfrau* und *Steinbock*.

Ernährung: Die Nahrung wird nach den vier Elementen *Wärmetagen* (entspricht dem Element Feuer), *Wassertagen* (entspricht dem Element Wasser), *Kältetagen* (entspricht dem Element Erde) und *Lichttagen* (entspricht dem Element Luft) zugeordnet. Danach weist man dem Feuer die Nahrungsqualität Eiweiß zu, dem Wasser die Kohlenhydrate, der Erde das Salz und der Luft die Fette und Öle. Bei zunehmendem Mond wirken die jeweiligen Nährstoffe besonders wohltuend, bei abnehmendem Mond dagegen können sich Ernährungssünden verstärkt negativ auswirken.

Ernährungspyramide: eine Eselsbrücke, mittels deren Sie sich leicht merken können, wie viel von einzelnen Nahrungsmittelgruppen Sie für eine ausgewogene Ernährung essen sollen. Aus Stufe 1 (Brot, Reis, Nudeln und Getreide) sowie Stufe 2 (Obst und Gemüse) sollte sich der Großteil Ihrer täglichen Speisen zusammensetzen. Von Nahrungsmitteln der Stufe 3 (Milch, Jogurt und Käse beziehungsweise Fleisch, Geflügel, Fisch, Hülsenfrüchte, Eier und Nüsse) essen Sie wenig und gut ausgewählt. Und von der »Pyramidenspitze« Stufe 4: (Öle, Fette und Süßes) essen Sie am besten nur ganz selten und wenig.

Fasten: für einen Neuanfang ist der Neumond die beste Zeit – optimal für eine Entgiftung des Körpers durch einen Fastentag. Bei Neumond werden Schlacken, Gifte und Wasser schneller und müheloser aus dem Körper ausgeschwemmt. Gut daran ist zudem, dass der Verzicht auf die sonst üblichen Speisen und Getränke bei Neumond sehr viel leichter fällt. Eine längere Fastenperiode allerdings sollte man im abnehmendem Mond beginnen.

Fett: wird den *Luftzeichen* zugeordnet. Es wird bei zunehmendem Mond in einem Luftzeichen besonders angesammelt; bei abnehmendem Mond im Luftzeichen dagegen baut man Fette gut ab.

Feuerzeichen: sind *Widder, Löwe* und *Schütze.*

Finger: werden am stärksten vom Mond im Zwilling beeinflusst. Daher sollte man zur Pflege den zunehmenden Mond in diesem Zeichen nutzen.

Fingernägel: siehe *Maniküre* und *Nägel.* Für die Pflege sollte der Mond in Waage oder Steinbock stehen. Muss ein Nagel gezogen werden, so sollten Sie das unbedingt bei abnehmendem Mond machen lassen.

Füße: sind den Fischen zugeordnet. Bei abnehmendem Mond sind die Füße besonders belastbar, bei zunehmendem Mond wirkt jede Art von Fußpflege besonders gut.

Fußgelenk: ist dem Zeichen Wassermann zugeordnet.

Galle: bei abnehmendem Mond im Zeichen Widder oder Skorpion kann man Gallenbeschwerden besonders gut lindern.

Gelenke: sind besonders empfindlich, wenn der Mond im Steinbock steht, vor allem, wenn der Mond in diesem Zeichen zunimmt.

Geschlechtsorgane: werden dem Skorpion zugeordnet.

Gesichtsmasken – Feuchtigkeits- oder Vitaminmasken: bei zunehmendem Mond. An diesen Tagen ist die Haut besonders aufnahmefähig für alles, was ihr gut tut.

Gesichtsmasken – Reinigungsmasken oder Schälkuren: bei abnehmendem Mond.

Gymnastik/Sport: bei abnehmendem Mond mit einer neuenSportart beginnen oder das Training nach einer Pause wieder aufnehmen – jetzt ist der Körper fit.

Haarausfall: wird vermindert, wenn man die Haare bei zunehmendem Mond schneidet.

Haare dauerwellen: bei Mond in der Jungfrau, vor allem bei langen Haaren. An Löwetagen hingegen hält die Dauerwelle sehr schlecht.

Haare färben: beim Mond im Wassermann. Dunkles Haar wird heller, wenn es bei Vollmond geschnitten wird.

Haare kräftigen: bei Neumond schneiden lassen.

Haare langsamer wachsen lassen: bei abnehmendem Mond schneiden lassen. Die Folge: Ihre Frisur wird länger halten.

Haare schneiden: am besten stets an Löwetagen. Vor allem Männer, die unter schlechtem Haarwuchs leiden, sollten sich die Haare an Löwetagen schneiden lassen. Der Wuchs wird stärker und besser.

Haare schneller wachsen lassen: bei zunehmendem Mond schneiden lassen.

Haarpflege allgemein: Bei zunehmendem Mond ziehen Packungen und Tinkturen besonders gut und schnell in die Kopfhaut ein.

Haarschnitt besonders gelungen: bei Vollmond schneiden lassen, am besten zudem an Löwe- und Jungfrautagen, egal ob der Mond zu- oder abnimmt, Schnitt und Fasson bleiben länger erhalten. Zudem bringt der Mond dann etwas mehr Spannkraft, Dichte und Elastizität in die Haare.

Hände: brauchen viel Pflege, wenn der zunehmende Mond im Zwilling steht.

Härchen entfernen: Körperhärchen an den Beinen, unter der Achsel oder im Gesicht bei zunehmendem Mond, am besten im Zeichen des Steinbocks entfernen. Beine und Achseln bleiben dann länger glatt, die Haare wachsen langsamer nach. Das Entfernen wird allerdings schmerzhafter sein.

Hals: ist dem Stier zugeordnet.

Haut, straffe: Cellulitebehandlungen mit Straffungscremes und Bürstenmassagen bei abnehmendem Mond. In dieser Zeit merken Sie den Erfolg recht bald. Am besten wäre es, Sie würden die gesamten 14 Tage des abnehmenden Mondes für diese Behandlung nutzen. Sehr wirksam sind in dieser Zeit auch Lymphdrainagen, die beim Entschlacken und Straffen helfen.

Hautpeelings: Peelings, Tiefenreinigung der Haut, Entfernung von kleinen Mitessern, Pickeln und anderen Hautunreinheiten werden am besten bei zunehmendem Mond durchgeführt. Denn die Haut ist dann feucht, prall und besonders gut durchblutet, am besten noch bei Vollmond. Nach der Behandlung sind kaum Rötungen und wenig entzündete Stellen zu sehen. Bei abnehmendem Mond ist die Haut eher trocken, es wird bei einer Behandlung zu Rötungen kommen. Neumond ist eine schlechte Zeit für den Besuch bei einer Kosmetikerin: Mitesser und Pickel lassen sich jetzt schlecht aus der Haut lösen.

Hautpflege: Pflegen, waschen und reinigen sollten Sie Ihre Haut auf jeden Fall täglich, ohne auf den Stand des Mondes zu achten. Dazu gehören Reinigung und Klärung der Haut, Auftragen von Tag- oder Nachtcreme, aber auch Masken, Gesichtspackungen und auch Make-up.

Hautpflege bei Problemhaut: Man muss nicht auf den Mondstand achten, da die *Hautpflege* von Problemhaut täglich erfolgen sollte.

Heilkräuter im Zeichen des Mondes: Den einzelnen Sternzeichen teilt man – vor allem wenn der Mond sie durchläuft – bestimmte Heilkräuter zu. Nach der *Astromedizin* ergeben sich dabei folgende Zusammenstellungen:

Die spezielle Wirkung von Heilkräutern bei bestimmten Mondzeichen

Mond im Sternzeichen	Heilkraut und Wirkung
Widder	Kräuter gegen Kopfschmerzen und Augenleiden – etwa Spitzwegerich, Schwarzer Holunder, Waldweidenröschen sowie Augentrost, Kamille
Stier	Kräuter gegen Halsschmerzen und Ohrenleiden – etwa als Gurgelmittel Ackerschachtelhalm, Arnika, Brombeere, Oregano, Gartenthymian, Quitte; gegen Halsschmerzen: Saathafer; gegen Ohrenschmerzen: Knotige Braunwurz und Zwiebel
Zwillinge	Kräuter zum Inhalieren gegen Lungenleiden, auch gegen Verspannungen im Schulterbereich – etwa Lungenkraut, Brennnessel, Holunderblüten, Giersch

Mond im Sternzeichen	Heilkraut und Wirkung
Krebs	Kräuter gegen Bronchitis, gegen Magen-, Galle- und Leberleiden – etwa Andorn, Borretsch, Schwarzkümmel und Spitzwegerich sowie bei Gallenbeschwerden Brunnenkresse, Oregano, Himbeere, Liebstöckel, Löwenzahn; bei Leberleiden: Gartenringelblume, Mariendistel, Wegwarte; gegen Magenbeschwerden: Bohnenkraut, Fenchel, Melisse, Pfefferminze, Basilikum, Eibisch, Kamille, Liebstöckel, Pfefferminze, Salbei, Wegwarte
Löwe	Kräuter gegen Herz- und Kreislaufbeschwerden – etwa Andorn, Gartenbohne, Herzgespann, Mistel, Knoblauch, Löwenzahn, Melisse, Rosmarin, Waldmeister
Jungfrau	Kräuter gegen Verdauungsbeschwerden, gegen Störungen der Bauchspeicheldrüse und gegen Nervenleiden – etwa für die Verdauung: Brennnessel, Bohnenkraut, Brunnenkresse, Dill, Estragon, Kamille, Koriander, Majoran, Meerrettich, Rosmarin; bei Leiden der Bauchspeicheldrüse: Faulbaum, Leinkraut; gegen Nervenleiden: Borretsch, Schwarzer Holunder, Kamille, Koriander, Waldweidenröschen
Waage	Kräuter gegen Hüftleiden sowie Nieren- und Blasenkrankheiten – etwa gegen Blasenleiden Basilikum, Heidekraut, Kapuzinerkresse, Rosmarin, Zwiebel, Birkenblätter, Brennnessel, Liebstöckel; gegen Nierenbeschwerden: Preiselbeerenblätter, Löwenzahn, Birkenblätter

Mond im Sternzeichen	**Heilkraut und Wirkung**
Skorpion Tage, an denen der Mond im Skorpion steht, gelten ganz allgemein als besonders gut für das Sammeln und auch Aussäen aller Kräuter!	Kräuter gegen Krankheiten der Geschlechtsorgane. Gegen Frauenleiden helfen z. B. Frauenmantel, Erdbeerblätter, Andorn, Gänsefingerkraut; bei Männerbeschwerden, zum Beispiel an der Prostata: Bärlauch, Brennnessel, Birkenblätter, Goldrute, Heidekraut, Schachtelhalm
Schütze	Kräuter gegen Venenleiden und Ischias – etwa Brennnesseln, Birke, Schwarze Johannisbeere, Lavendel, Liebstöckel, Majoran, Meerrettich, Rosmarin, Silberweide (eine ganz besondere Mondpflanze!), Wacholder, Zitterpappel
Steinbock	Kräuter gegen Knochen- und Gelenkbeschwerden sowie gegen Hautkrankheiten – etwa Pfennigkraut, Arnika und Bockshornklee; bei Hautleiden: Arnika, Augentrost, Karotten, Kornblumen, Ringelblumen, Pfefferminz, Petersilie, Lavendel, Rote Bete
Wassermann	Kräuter gegen Venenleiden – etwa Haselnuss, Kamille und Weiße Taubnessel
Fische	Kräuter gegen Fußbeschwerden – etwa Scharfer Mauerpfeffer gegen Hühneraugen sowie Sommereiche gegen Fußschweiß

Heilpflanzen: helfen besonders gut, wenn sie an dem Tag geerntet werden, an dem der Mond in dem Zeichen steht, das dem Körperteil, den die Pflanze heilen soll, zugeordnet ist.

Herz: ist dem Löwen zugeordnet. Der abnehmende Mond im Löwen bietet die Chance, Probleme zu lösen, der zunehmende Mond sorgt für Kräftigung und Vitalisierung dieses Organs.

Hornhaut an den Fußsohlen: am besten bei abnehmendem Mond entfernen, außer an Fische- und Steinbocktagen. Die Haut bleibt so länger weich und geschmeidig.

Hüfte: sowohl der Waage als auch dem Schützen zugeordnet.

Kältetage: entsprechen dem Element Erde. Die Nahrungsqualität ist Salz. Kältetage sind alle jene, in denen der Mond in den Sternzeichen Stier, Jungfrau und Steinbock steht. Diese Tage sind wichtig für die Bluternährung.

Kiefer: dem Stier zugeordnet. Bei abnehmendem Mond in diesem Zeichen ist der Kiefer besonders belastbar. Kieferoperationen sollten allerdings nie durchgeführt werden, wenn der Mond im Stier steht.

Knie: dem Steinbock zugeordnet.

Knochen/Skelett: dem Steinbock zugeordnet.

Kopf: dem Widder zugeordnet.

Kreislauf: dem Löwen zugeordnet. Die Durchblutung allerdings liegt beim Wassermann. Bei abnehmendem Mond im Löwen hat man kaum Kreislaufprobleme, bei zunehmendem Mond dagegen sollte man den Kreislauf eher unterstützen.

Kräuter: siehe auch *Heilkräuter* und *Heilpflanzen*.

Kräuter sammeln: in der Vollmondphase, die Heilkraft ist dann besonders stark. Nach einem alten Volksglauben soll die Wirkung der Kräuter zwischen dem 15. August (Mariä Himmelfahrt) und dem 8. September (heute Mariä Geburt) besonders groß sein.

Kräuter sammeln – Ausgraben von Wurzeln: am besten bei Vollmond oder dem abnehmenden Mond kurz danach. Sie sollten niemals der Sonne ausgesetzt werden. Graben Sie deshalb einige Stunden vor dem Sonnenaufgang oder in den späten Abendstunden.

Kräuter sammeln – Blätter: bei zunehmendem Mond, also zwischen Neumond und Vollmond. Ausnahme sind die Brennnesseln: Sie werden ausschließlich bei abnehmendem Mond gepflückt. Trinken Sie den Tee oder Saft der Brennnesseln auch nur bei abnehmendem Mond.

Kräuter sammeln – Blüten: bei zunehmendem Mond. Wollen Sie Blüten jedoch trocknen, so eignet sich der abnehmende Mond besser, denn dann trocknen sie schneller.

Kräuter sammeln nach Himmelsrichtungen: Wird eine Pflanze von Mond, Venus oder Merkur regiert, pflückt man mit Blick nach Westen; Pflanzen mit dem Regenten Saturn, Mars oder Jupiter pflückt man in Richtung Süden oder Osten; Pflanzen, die von der Sonne beherrscht werden, sollte man mit Blick nach Süden sammeln. Die beste Sammelzeit – mit Blick auf die Stundenregenten – ist der späte Vormittag oder die Mittagszeit. Welcher Planet welche Kräuter beherrscht, können Sie der folgenden Tabelle entnehmen:

Kräuter sammeln nach Himmelsrichtungen

Himmelsrichtung	Planet	Pflanzen	allgemein
Westen	☽	Aloe, Baldrian, Eukalyptus, Himbeere, Holunder, Jasmin, Kamille, Katzenminze, Malve, Olive, Passionsfrucht, Rotdorn, Weide, Ysop, Zitronenmelisse	Saft und Kraft aller Pflanzen nimmt mit dem Wachstum des Mondes ab und zu. Einzige Ausnahme: die Zwiebel!
Westen	♀	Eisenkraut, Veilchen, Frauenhaar, Baldrian, Thymian, Sandelholz, Koriander, Feige, Granatapfel, Rose, Myrte	alle »gewürzhaften« Pflanzen, alle lieblichen Obstarten

Himmelsrichtung	Planet	Pflanzen	allgemein
Westen	☿	Haselstaude, Fünffingerkraut, Bingelkraut, Erdrauch, Pimpernelle, Majoran, Petersilie	alle Pflanzen, die kurze und kleine Blätter haben
Süden und Osten	♄	Schlangenkraut, Raute, Kümmel, Nieswurz, Stinkender Alant, Alraune, Mohn, schwarze Feige	alle Pflanzen, die betäuben, die keine Früchte tragen oder schwarze Beeren (Früchte) hervorbringen
Süden und Osten	♂	Rettich, Knoblauch, Meerrettich, Distel, Nessel, Zwiebel, Senf, Kornelkirschenbaum	alle Pflanzen, die mit stechenden Dornen bewaffnet sind, die stechen oder Blasen verursachen, alle stacheligen Bäume
Süden und Osten	♃	Silberblättrige Wollblume, Basilienkraut, Ochsenzunge, Muskatblüte, Lavendel, Minze, Mastix, Alant, Lolch, Bilsenkraut, Eiche, Rosskastanie, Stecheiche, Buche, Pappel, Birne, Apfel, Korn, Gerste, Weizen, Rosinen; Nüsse, Mandeln, Rhabarber, Pistazien	alle Pflanzen, die süße Früchte tragen und einen feinen und scharfen Geschmack haben
Süden	☉	Lotus, Päonie, Schwalbenkraut, Enzian, Eschenwurz, Lorbeer, Zeder, Palme, Esche, Efeu, Weinstock, Safran, Gewürznelken, Zimt, Pfeffer, Majoran, Rosmarin	alle Pflanzen, die sich nach der Sonne kehren (also bei Sonnenuntergang die Blätter einziehen, sie aber bei Sonnenaufgang wieder entfalten); außerdem alle immergrünen Pflanzen

Kräuter sammeln – Samen und Früchte: bei zunehmendem Mond, allerdings nur für den sofortigen Gebrauch. Zum Trocknen und Lagern ernten Sie Früchte und Samen besser bei abnehmendem Mond.

Kurzhaarfrisur: nur an Tagen schneiden lassen, an denen der Mond in den Zeichen Zwillinge, Schütze, Fische, Stier oder Steinbock steht. Ihre Haare werden nicht so schnell nachwachsen. Alle Wasserzeichen, Krebs, Skorpion und Fische, sind dagegen gut geeignet, dass Ihre Haare nach dem Schneiden schneller wachsen. Damit Ihr Haar nach dem Schneiden dicker nachwächst, sollten Sie es bei Vollmond schneiden lassen.

Lasstage, auch »gute Lasstage«: all jene Tage, die als günstig für Aderlass und Schröpfen gelten. Das sind Karfreitag, Blasiustag (3. Februar), Valentinstag (14. Februar), Philipp-Jakobi-Tag (1. Mai), Bartholomä-Tag (24. August), Martinstag (11. November) und Stephanstag (26. Dezember).

Leber: dem Schützen zugeordnet.

Lichttage: entsprechen dem Element Luft. Die Nahrungsqualität sind Fette und Öle. Lichttage sind all jede, in denen der Mond in den Zwillingen, in der Waage oder im Wassermann steht. Die Tage sind besonders wichtig für das Drüsensystem unseres Körpers.

Luftzeichen: sind *Zwillinge*, *Waage* und *Wassermann*.

Luna-Yoga: Der Mond steht als Weiblichkeitssymbol im Mittelpunkt. Es ist eine abweichende Form des klassischen Yoga und bringt Sie mit sanften Dehnübungen in Form. Das Ergebnis ist eine Entspannung von Kopf bis Fuß. Es wirkt besonders gut, wenn Sie unter Zyklusproblemen leiden.

Lunge: den Zwillingen zugeordnet.

Lymphdrainagen: siehe *Haut, straffe*.

Lymphsystem: ist immer dann besonders beeinflussbar, wenn der Mond in einem *Wasserzeichen* steht, besonders aber im Fischemond.

Magen: dem Krebs zugeordnet. Zunehmender Krebsmond kräftigt den Magen, abnehmender entlastet ihn.

Maniküre: bei Neumond oder abnehmendem Mond wachsen geschnittene oder gefeilte Nägel nicht so schnell nach. Bei zunehmendem Mond entfernt man dagegen am besten Schwielen an Fingern und Händen.

Massage: Eine kräftigende und regenerierende Massage, zum Beispiel an den Fußreflexzonen, nimmt man am besten bei zunehmendem Mond vor.

Massage zur reinen Entspannung: bei abnehmendem Mond.

Massagen bei Muskelkrämpfen und Verspannungen: bei abnehmendem Mond an Schützetagen.

Meditationsübungen: Bei zunehmendem Mond sammeln Sie Kräfte – die optimale Zeit, um so richtig zu entspannen und zu relaxen.

Mitesser und Hautunreinheiten entfernen: bei zunehmendem Mond. Die Haut ist in dieser Zeit feucht, prall und besonders gut durchblutet, Mitesser lassen sich leichter ausdrücken. Zudem entstehen kaum Rötungen und keine entzündeten Stellen.

Mond im Löwen: günstig für *Zahnbehandlung* und für das *Haareschneiden*.

Mond im Mars: Stehen Mond und Mars im gleichen Sternzeichen, sollten Sie auf keinen Fall Operationen durchführen lassen. Das Risiko von Entzündungen und Komplikationen wäre erhöht.

Mond im Skorpion: günstig für die *Zahnbehandlung*. Ungünstig für alle Operationen im Unterleib.

Mond im Steinbock: die beste Zeit für eine *Anti-Age-Behandlung* der Haut. Wer sein Haar niemals am Steinbocktag schneiden lässt, kann sicher sein: Er wird erst spät – wenn überhaupt – graue Haare bekommen. Ideal ist ein solcher Tag auch für die *Zahnbehandlung*, wenn Sie Zahnstein entfernen lassen.

Mond im Stier: günstig für eine kleinere *Zahnbehandlung*. Bei der *Haarpflege* beachten: Haare werden nach einem Schnitt leicht struppig.

Mond im Wassermann: günstig für die *Zahnbehandlung*. Bei der Haarpflege beachten: Das Haar wächst nach dem Schneiden schneller.

Mond im Widder: Jetzt sollten Sie keine Operationen am Kopf machen lassen. Naturlocken sollten nur jetzt oder bei zunehmendem Mond geschnitten werden.

Mond im Zwilling: Das Haar wächst nach dem Schneiden schneller.

Mond in der Jungfrau: jetzt keine Unterleibsoperationen machen lassen.

Mond in der Waage: Bei der *Haarpflege:* Das Haar wächst nach dem Schneiden schneller. Für *Operationen:* jetzt keine Unterleibsoperationen machen lassen.

Mondphasenwechsel: keine Operationen durchführen lassen. Es könnte zu Komplikationen kommen, Wunden bluten stärker.

Mund: dem Stier zugeordnet.

Nacken: dem Stier zugeordnet.

Nägel: schneiden und feilen bei *Neumond*. Die Nägel wachsen dann langsamer. Gut geeignet sind auch auch Steinbocktage. Tragen Sie künstliche Nägel, lassen Sie sie in dieser Zeit verlängern; die Ansätze wachsen nicht so schnell heraus. Schneiden oder feilen Sie Ihre Finger- und Fußnägel zudem ausschließlich an einem Freitag, werden sie hart, widerstandsfähig und brechen nicht so leicht.

Nase: dem Widder zugeordnet. Bei abnehmendem Mond kann es leicht zu Schnupfen kommen.

Naturlocken: nur an einem Widdertag schneiden lassen.

Nerven: alle *Lufttage* gelten als »Nerventage«. Nimmt der Mond an diesen Tagen auch noch zu, ist Nervosität kaum zu vermeiden. Bei abnehmendem Mond dagegen sind Sie nervenstark.

Neumond: den Entschluss für eine *Diät* fassen. Ideal fürs *Fasten*.

Oberschenkel: dem Schützen zugeordnet.

Operationen: Es sollte nie der Körperteil operiert werden, der einem Tierkreiszeichen zugeordnet ist, in dem sich der Mond gerade befindet (siehe *Astromedizin*). Warten Sie, bis der Mond in einem anderen Tierkreiszeichen steht. Dabei ist es am besten, wenn er sich weit entfernt von dem Sternzeichen befindet, das dem zu operierenden Bereich entspricht. Steht der Mond im Sonnenzeichen des Patienten, sollte auch nicht operiert werden. Das Gleiche gilt, wenn der Mond sich dem Mars nähert. Das Risiko von Entzündungen und anderen Komplikationen wäre erhöht.

Operationen im Unterleib: niemals, wenn der Mond in Jungfrau, Waage oder Skorpion steht. Warten Sie besser ab, bis sich der Mond in den Zeichen Schütze, Steinbock oder Wassermann befindet.

Organuhr: Zum Ernährungsplan nach dem Mond gehört auch die Organuhr. Sie stammt aus der chinesischen Heilkunde und zeigt genau an, welchem Tagesrhythmus die einzelnen Organe unseres Körpers folgen. Kennt man die aktiven und passiven Zeiten im Verlaufe eines Tages, so kann man Leistungsabfällen entgehen und Hochphasen bestens ausnutzen. Etwa zwei Stunden am Tag nur arbeitet jedes Organ mit höchster Leistungskraft und zwei Stunden ruht es völlig. Diese Zeiten sollten Sie kennen:

Die Hoch- und Tiefphasen der Organe

Organ	Hochphase	Tiefphase
Bauspeicheldrüse	09–11	11–13
Dickdarm	07–09	09–11
Dünndarm	13–15	15–17
Gallenblase	23–01	01–03
Harnblase	15–17	17–19
Herz	11–13	13–15
Kreislauf	19–21	21–23
Leber	01–03	03–05
Lunge	03–05	05–07
Magen	07–09	09–11
Milz	09–11	11–13
Nieren	17–19	19–21

Organuhr – Bauchspeicheldrüse: ist morgens besonders aktiv, passiv dagegen spätvormittags.

Organuhr – Dickdarm: arbeitet frühmorgens auf Hochtouren und legt dafür am frühen Vormittag eine Pause ein.

Organuhr – Dünndarm: ist mittags am aktivsten, am Nachmittag dagegen passiv.

Organuhr – Gallenblase: arbeitet um Mitternacht am intensivsten; danach legt sie eine Pause ein.

Organuhr – Harnblase: ist am frühen Nachmittag besonders tätig, am späten Nachmittag dagegen ruht sie eher.

Organuhr – Herz: leistet extrem viel am späten Vormittag; am frühen Nachmittag schlägt es eher schwächer.

Organuhr – Kreislauf: ist auf Hochtouren am frühen Abend; vor Mitternacht sinkt er ab.

Organuhr – Leber: schafft am meisten nachts, kurz nach Mitternacht; in den frühen Morgenstunden ruht sie aus.

Organuhr – Lunge: wird in den frühen Morgenstunden besonders aktiv; kurz vor dem Frühstück ist sie auf dem Tiefpunkt.

Organuhr – Magen: arbeitet morgens um die Frühstückszeit am meisten; vormittags – kurz vor dem Mittagessen – legt er seine Ruhepause ein.

Organuhr – Milz: ist ein Morgenarbeiter; am späten Vormittag ist sie dagegen passiv.

Organuhr – Nieren: sind spätnachmittags aktiv und ruhen sich am frühen Abend aus.

Rauchen aufgeben: Beginn bei abnehmendem Mond. In dieser Phase werden die Giftstoffe schneller abgebaut, der Verzicht fällt leichter.

Rücken: dem Löwen zugeordnet.

Ruhepause: optimal dafür sind Neumondtage.

Sauna: an *Erdtagen* kräftigend und heilend, an *Lufttagen* anregend, an *Wassertagen* beruhigend und an *Feuertagen* luststeigernd.

Schälkuren: siehe *Gesichtsmasken*, *Reinigungsmasken*.

Schönheitskorrekturen: am besten bei abnehmendem Mond. Vor allem Termine beim Hautarzt oder plastischen Chirurgen sollte man in diese Mondphase legen. In dieser Zeit bluten Wunden weniger, die Heilungsphase ist deutlich verkürzt, Narben verhärten sich seltener. Kritische Tage für chirurgische Eingriffe sind bei Vollmond und bei Neumond.

Schulter: dem Zwilling zugeordnet.

Sport: siehe *Gymnastik*.

Stoffwechsel: beschleunigt an Vollmondtagen, eher verlangsamt dagegen bei Neumond. Bei abnehmendem Mond in einem *Erdzeichen* kann man gut entschlacken, bei zunehmendem Mond in diesen Zeichen dagegen haben Vital- und Mineralstoffe eine besonders gute Wirkung.

Stress: lässt sich an Tagen mit *Feuerzeichen* sehr gut abbauen, vor allem an Widder- und Löwetagen. Siehe auch *Entspannen*.

Süßigkeiten: Bei abnehmendem Mond kann man durchaus mal naschen, bei zunehmendem Mond dagegen sollten Sie vorsichtig sein. Vor allem Stiertage sind zu beachten, denn dem Stier wird eine besondere Vorliebe für Süßes nachgesagt.

Unreine Haut: am dritten Tag nach Vollmond Pickel und Mitesser behandeln. Sie kommen dann nicht so schnell wieder. Drücken Sie Pickel und Mitesser bei abnehmendem Mond aus, entstehen fast nie Narben. Denken Sie bei der Terminabsprache für eine Akne- oder Pickelbehandlung bei der Kosmetikerin an diese Termine.

Unterschenkel: dem Wassermann zugeordnet.

Venen: dem Wassermann zugeordnet.

Verdauung: der Jungfrau zugeordnet. Besonders schonend sollte man bei zunehmendem Mond in diesem Zeichen essen; bei abnehmendem Mond dagegen kann man die Verdauung mehr belasten.

Vollmond: keine Operationen durchführen lassen! Es könnte zu Komplikationen kommen, Wunden bluten stärker. Der erste Tag nach Vollmond ist ideal für den Beginn einer *Diät*.

Wärmetage: entsprechen dem Element Feuer und damit den *Feuerzeichen*. Die Nahrungsqualität ist Eiweiß. Wärmetage sind all jene, in denen der Mond in den Tierkreiszeichen Widder, Löwe oder Schütze steht. Diese Tage wirken sich vor allem auf unsere Sinnesorgane aus.

Warzen: Vor allem beim Besprechen von Warzen spielte und spielt der Mond eine entscheidende Rolle. Keiner kann so recht erklären, warum das so ist. Dennoch gibt es viele Menschen, die darauf schwören, dass alle Warzen verschwinden, wenn man bestimmte Rituale ausführt: zum Beispiel in den Vollmond blicken und dann die Warzen mit den Händen dreimal andeutungsweise zurückwerfen. Etwas moderner ist der folgende Tipp: Bestreichen Sie die Warzen bei abnehmendem Mond mehrmals täglich mit der Innenseite einer Bananenschale.

Wassertage: entsprechen dem Element Wasser. Die Nahrungsqualität sind Kohlenhydrate. Wassertage sind jene, an denen der Mond im Krebs, Skorpion und den Fischen steht. Sie beeinflussen unser Nervensystem.

Wasserzeichen: *Krebs*, *Skorpion* und *Fische*.

Weisheitszähne: nicht bei zunehmendem Mond ziehen lassen.

Yoga: Bei zunehmendem Mond sammeln Sie Kräfte – die optimale Zeit, um zu entspannen.

Zähne: sind dem Stier zugeordnet. An Stiertagen hat alles, was den Zähnen zugute kommt oder schadet, eine verstärkte Wirkung.

Zahnarzt – schmerzhafte Behandlungen: nicht bei abnehmendem Mond.

Zahnbehandlung – Brücken und Kronen: bei abnehmendem Mond.

Zahnbehandlung – Füllungen: bei abnehmendem Mond. Günstig sind zudem Tage, an denen der Mond in Stier, Löwe, Skorpion oder Wassermann steht.

Zahnbehandlung – größere Operationen: Wenn der Mond

im Stier steht, sollten Sie niemals Kieferoperationen und größere Behandlungen im Mundraum durchführen lassen! Legen Sie langwierige Behandlungen in die Zeit, wenn der Mond in den Zwillingen oder in der Jungfrau steht. Es treten dann weniger Komplikationen auf.

Zahnbehandlung – Parodontose: bei abnehmendem Mond.

Zahnbehandlung – Zahn ziehen: günstig bei abnehmendem Mond. Am besten wäre es, wenn er zudem in den Zeichen Zwillinge, Jungfrau, Steinbock oder Fische steht.

Zahnbehandlung – Zahnstein entfernen: bei abnehmendem Mond. Die Neubildung hält sich dann in Grenzen. Ideal wären Steinbocktage im abnehmenden Mond.

Zehen: sind den Fischen zugeordnet. Fußnägel pflegt man allerdings am besten bei abnehmendem Steinbockmond.

Zunehmen: am besten bei zunehmendem Mond. Wer einen Tag nach Neumond mit der aufbauenden Kur beginnt, hat etwa zwei Wochen Zeit, in denen der Mond die Gewichtszunahme unterstützt.

Kapitel 7

Der Mond: Arbeit in Haushalt und Küche

Im Haushalt helfen die Kräfte des Mondes genauso wie in allen anderen Bereichen des Lebens. Wie stets, sollten Sie sich zunächst einmal an die vier Quartale des Mondzyklus halten:

- Neumond bis zunehmender Halbmond,
- zunehmender Halbmond bis Vollmond,
- Vollmond bis abnehmender Halbmond,
- abnehmender Halbmond bis Neumond.

Zur groben Orientierung für alle Haushaltsarbeit reicht es sogar aus, sich nur an zwei Mondphasen zu halten: den zunehmenden und den abnehmenden Mond.

Als erfahrene Hausfrau oder geübter Hausmann wissen Sie: Manchmal geht die Hausarbeit leicht von der Hand. An anderen Tagen jedoch gehen Sie ohne Lust an die Arbeit heran und nichts will Ihnen so recht gelingen. Das kann daran liegen, dass Sie »gegen den Mond« arbeiten. Achten Sie künftig auf die Phasen des Mondes – und Sie werden rasch feststellen:

- Hausarbeiten, die mit Putzen und Reinigen zu tun haben, verrichtet man leichter bei abnehmendem Mond.
- Bei zunehmendem Mond lässt es sich vortrefflich backen.

Natürlich kann man nicht immer einen halben Monat warten, um die alltäglichen Reinigungsarbeiten im Haushalt zu erledigen. Aber sicher kann man größere Arbeiten planen: Der große Hausputz, die Wäsche von Vorhängen und Gardinen, die Reinigung von Fenstern, Rahmen und Jalousien werden ja nicht Woche für Woche erledigt, sondern nur ein paar Mal im Jahr.

Wichtig für alle Arbeiten ist die Frage: In welchem Zeichen steht der Mond? Die zwölf Sternzeichen werden auch bei der Arbeit in Haushalt und Küche den vier altbekannten Elementen zugeordnet:

- Wasserzeichen sind danach Krebs, Skorpion und Fische.
- Erdzeichen sind Stier, Jungfrau und Steinbock.
- Luftzeichen sind Zwillinge, Waage und Wassermann.
- Feuerzeichen sind Widder, Löwe und Schütze.

Wenn Sie sich an diesen Zeichen und zudem am zu- beziehungsweise abnehmenden Mond orientieren, werden Sie sich die Arbeit im Haushalt entscheidend erleichtern.

Beim Waschen und Putzen gibt es einen einfachen Test, um die Wirkung des Mondes zu überprüfen: Wenn Sie ein verschmutztes Wäschestück bei abnehmendem Mond in ein mit Wasser gefülltes Waschbecken legen und Waschmittel hinzufügen, wird der Schmutz sich lösen. Tun Sie das Gleiche bei zunehmendem Mond, werden Sie bemerken, dass der Schmutz sich kaum vom Stoff trennt. Sie werden mit einem Blick auf die Waschlauge feststellen: Steht der Mond in der zunehmenden Phase, bleibt die Lauge sauber und der Schmutz bleibt in der Wäsche. Nimmt der Mond gerade ab, ist die Lauge jedoch trüb und verschmutzt und Ihr Wäschestück wird ohne viel Aufwand sauber. Wer an Tagen eines Wasserzeichens seine Wäsche reinigt oder sonstige Putzarbeiten erledigt und dabei außerdem noch auf den abnehmenden Mond achtet, wird stets saubere und frische Wäsche haben. Hartnäckige Flecken lösen sich leichter.

Auch in der Küche gilt: Achten Sie darauf, in welchem Zeichen der Mond steht: Dann bleibt zum Beispiel das Obst für den Kuchen saftiger. Beim Einkochen von Marmelade und Gelee können Sie sogar auf künstliche Geliermittel verzichten oder mit der halben Menge wie üblich auskommen. Selbst wenn Sie Gemüse und Obst einfrieren, sollten Sie auf den Mond achten: An Feuertagen eingefrorenes Gemüse und Obst hält besser. Beim Wiederauftauen ist es nicht wässrig und zerfällt auch nicht so schnell. Selbst beim Backen hilft der Mond: Der Teig geht besser auf, wenn der Mond im Tierkreiszeichen Schütze, Krebs, Waage oder Steinbock steht.

Lexikon von A–Z

Aufräumen: am besten in der Zeit kurz vor Neumond, wenn möglich an einem Jungfrautag.

Autopflege: empfehlenswert, wenn der Mond im Krebs steht.

Backen: am besten im Tierkreiszeichen Schütze, Krebs, Waage oder Steinbock. Der Teig wird besser aufgehen, Brot zum Beispiel wird lockerer.

Bildschirm reinigen: siehe *Fernseher*.

Blatttage: alle Tage, an denen der Mond in einem der Wasserzeichen Krebs, Skorpion oder Fische steht.

Blütentage: alle Tage, an denen der Mond in einem der Luftzeichen Zwillinge, Waage oder Wassermann steht.

Chemische Reinigung: Kleidung bei abnehmendem Mond in die Reinigung geben. Man sollte generell die Steinbocktage dafür meiden!

Einfrieren von Gemüse und Obst: an Feuertagen besonders günstig, also wenn der Mond in einem *Feuerzeichen* steht.

Das Frostgut hält besser, nach dem Auftauen wird es nicht so wässrig und zerfällt kaum.

Einkaufen: günstig an Tagen, an denen der Mond im Stier steht.

Einkochen und Einlagern: allgemein bei abnehmendem Mond, jedoch niemals an Jungfrautagen: Sonst beginnt alles schnell zu schimmeln. Auch Krebstage eignen sich nicht besonders gut zum Einmachen. Bei abnehmendem Mond ist die günstigste Zeit, um Marmeladen, Gelees, in Alkohol eingelegte Früchte, Wein und Most zu verarbeiten: Alles wird länger haltbar sein, die Früchte gären nicht so schnell. Für Marmelade und Gelee eignen sich außerdem die Tage von Stier, Skorpion und Wassermann.

Einlagern von Getreide, Gemüse und Kartoffeln: am besten an Widdertagen und im abnehmenden Mond. Auch die anderen Fruchttage (Löwe und Schütze) sind geeignet. Meiden sollten Sie *Wassertage!*

Einlagern von Kohl: bei abnehmendem Mond im Zeichen Schütze, Steinbock oder Wassermann. Lagern Sie es bei zunehmendem Mond ein, müssen Sie mit einer schnellen Gärung rechnen.

Einmachen von Obst und Gemüse: bei abnehmendem Mond im Wasserzeichen Krebs oder Skorpion.

Erdzeichen: sind Stier, Jungfrau und Steinbock.

Ernten für sofortigen Verbrauch: vor allem an Fischetagen.

Ernten zum Einlagern und Konservieren: bei abnehmendem Mond, am besten in den Zeichen Schütze bis Zwillinge.

Fenster reinigen: bei abnehmendem Mond und am besten an einem Tag mit Luftzeichen (Zwillinge, Waage oder Wassermann).

Fensterrahmen reinigen: stark verschmutzte Fensterrahmen an einem Wassertag (Fische, Krebs oder Skorpion) säubern.

Fernseher und Bildschirm reinigen: Bei starker Verschmutzung am besten an einem Wassertag (Fische, Krebs oder Skorpion) säubern.

Fettflecken: lassen sich bei abnehmendem Mond und an einem *Wassertag* leichter entfernen.

Feuerzeichen: sind Widder, Löwe und Schütze.

Feuertage: entsprechen *Wärmetagen.*

Früchte und Kräuter sammeln und trocknen: bei abnehmendem Mond. Am besten, wenn der Mond in einem der Feuerzeichen Widder, Löwe oder Schütze steht.

Fruchttage: alle Tage, an denen der Mond in einem der Feuerzeichen Widder, Löwe oder Schütze steht.

Früchte in Alkohol: bei abnehmendem Mond. Alles wird länger haltbar sein, die Früchte gären nicht so schnell.

Gelees: bei abnehmendem Mond zubereiten. Es wird länger haltbar sein, die Früchte gären nicht so schnell.

Hartnäckige Flecken: bei abnehmendem Mond entfernen.

Haushaltsplanung: am besten bei zu- oder abnehmendem Mond in der Jungfrau.

Hausputz: Wassertage eignen sich besonders für alle Arbeiten, die mit Schmutz und gründlicher Reinigung zu tun haben. Besonders günstig für Frühjahrsputz ist es, wenn auf das Luftzeichen Wassermann im abnehmenden Mond das Wasserzeichen Fische folgt. Putzen und Säubern beginnen Sie am besten an einem *Lufttag* bei abnehmenden Mond.

Heizperiode: Der Beginn der Heizperiode im Herbst sollte bei abnehmendem Mond und an einem *Wärmetag* erfolgen. Vor allem in einem Neubau sollten Sie dies beachten, denn nur dann wird die letzte Feuchtigkeit aus den Wänden vertrieben.

Holzfußböden reinigen: stets bei zunehmendem Mond, niemals jedoch, wenn der Mond in einem Wasserzeichen

(Fische, Krebs oder Skorpion) steht. Besser noch wäre während des zunehmenden Mondes ein Tag mit dem Mond in einem Luftzeichen (Zwillinge, Waage oder Wassermann).

Kältetage: entsprechen dem Element Erde und den Erdzeichen Stier, Jungfrau und Steinbock, durch die der Mond wandert.

Kochen: Mond im Stier und Mond im Schützen sind die besten Küchenhelfer.

Küche: Prinzipiell sollten Sie bei abnehmendem Mond einkochen oder einlagern.

Kupfer reinigen und polieren: bei abnehmendem Mond.

Leder imprägnieren: bei abnehmendem Mond.

Lichttage: entsprechen dem Element Luft und damit den Luftzeichen Zwillinge, Waage und Wassermann, durch die der Mond wandert.

Lüften der Betten: Am besten lüften Sie Ihre Betten an *Luft-* und *Feuertagen* besonders ausgiebig. Lüften Sie Ihr Bettzeug bei zunehmendem Mond und an *Erd-* und *Wassertagen* dagegen besonders wenig und nur für kurze Zeit, es wird sonst zu feucht.

Lüften der Matratzen: bei abnehmendem Mond und an *Feuertagen* (Löwe, Schütze und Widder). Schlecht ist das Lüften an *Wassertagen* (Fische, Krebs und Skorpion) – die Matratzen ziehen dann Feuchtigkeit an.

Lüften der Wohnung: bei abnehmendem Mond an *Lufttagen*.

Lüften vor der Heizperiode: vor den ersten kalten Tagen an einem *Wärmetag* und bei abnehmendem Mond. Nur so vertreibt man die Feuchtigkeit aus allen Wänden. Das gilt besonders, wenn Sie eine neu gebaute Wohnung beziehen. An *Luft-* und *Feuertagen* sollte man besonders ausgiebig lüften. An *Erd-* und *Wassertagen* dagegen besonders wenig und nur für kurze Zeit.

Lufttage: siehe *Lichttage*.
Luftzeichen: sind Zwillinge, Waage und Wassermann.
Maler- und Lackierarbeiten: bei abnehmendem Mond und nicht an *Wassertagen* – die Farbe trocknet dann schlecht. Löwetage sind ebenfalls ungünstig, weil sie austrocknend wirken und die Farben splittern lassen.
Marmeladen: bei abnehmendem Mond. Alles wird länger haltbar sein, die Früchte gären nicht so schnell.
Marmelade und Gelee: bei abnehmenden Mond und vor allem an Tagen, an denen der Mond in Stier, Skorpion oder Wassermann steht.
Messing polieren: bei abnehmendem Mond.
Mond im Krebs: günstig für Autopflege, Fensterrahmen reinigen, Hausputz, Wäsche waschen, Einmachen von Obst und Gemüse.
Mond im Löwen: günstig für Lüften der Betten und der Wohnung, Obst und Gemüse einfrieren, Früchte, Obst und Kräuter sammeln und trocknen.
Mond im Schützen: allgemein günstig für Kochen, Lüften der Wohnung, Backen, Obst und Gemüse einfrieren, Einlagern von Kohl, Früchte, Obst und Kräuter sammeln und trocknen, Ernten zum Einlagern und Konservieren.
Mond im Skorpion: günstig zum Fensterrahmen reinigen, Hausputz, Wäsche waschen, Einmachen von Obst und Gemüse.
Mond im Steinbock: gut zum Backen, Einlagern von Kohl, Ernten zum Einlagern und Konservieren.
Mond im Stier: allgemein gut zum Einkaufen, Kochen, Marmelade und Gelee einkochen, Ernten zum Einlagern und Konservieren, Reparieren.
Mond im Wassermann: günstig zum Lüften der Betten, Fenster reinigen, Putzen, Säubern und Lüften, Holzfußböden reinigen, Silber putzen, Sommer- und Winterkleidung

einmotten, Marmelade und Gelee einkochen, Einlagern von Kohl, Ernten zum Einlagern und Konservieren.

Mond im Widder: gut zum Lüften der Betten und der Wohnung, Obst und Gemüse einfrieren, Früchte, Obst und Kräuter sammeln und trocknen, Ernten zum Einlagern und Konservieren, Reparieren.

Mond in den Fischen: günstig zum Fensterrahmen reinigen, Hausputz, Wäsche waschen, Ernten für sofortigen Verbrauch, Ernten zum Einlagern und Konservieren.

Mond in den Zwillingen: günstig zum Lüften der Betten, Fenster reinigen, Putzen, Säubern und Lüften, Holzfußböden reinigen, Silber putzen, Sommer- und Winterkleidung einmotten, Ernten zum Einlagern und Konservieren, Nähen, Reparieren.

Mond in der Jungfrau: allgemein gut zum Aufräumen, Putzen und reinigen; Haushaltsplanung, Nähen.

Mond in der Waage: günstig zum Lüften der Betten, Fenster reinigen, Putzen, Säubern und Lüften, Holzfußböden reinigen, Silber putzen, Sommer- und Winterkleidung einmotten, Backen, Marmelade und Gelee einkochen.

Mosten: bei abnehmendem Mond. Der Most wird länger haltbar sein, die Früchte gären nicht so schnell.

Nähen: am besten an Jungfrau- und Zwillingstagen.

Porzellan von Tee- oder Kaffeerückständen befreien: bei abnehmendem Mond. Mit Salz auf einem feuchten Lappen lassen sich Teeflecken sehr gut von feinem Porzellan entfernen. Dieses Hausmittel eignet sich ebenfalls zum Entfernen von Lippenstift am Geschirr.

Putzen und Reinigen: prinzipiell bei abnehmendem Mond. Besonders günstig sind Jungfrautage.

Reinigen der Kellerregale für Obsteinlagerung: nur bei abnehmendem Mond in einem Luft- oder Feuerzeichen.

Reparieren: am besten an Zwillingstagen, aber auch an Widder- und Stiertagen.

Schimmel bekämpfen: am besten bei abnehmendem Mond. Dann reichen sanfte Mittel (etwa Essigwasser) aus und die Entfernung der Schimmelpilze vor allem von feuchten Wänden hält dann länger vor.

Schuhe putzen: bei abnehmendem Mond.

Silber reinigen: bei abnehmendem Mond, zusätzlich an einem Lufttag, wenn der Mond in Zwilling, Wassermann oder Waage steht.

Sommer- oder Winterkleidung einmotten: im Frühjahr und im Herbst stets an *Lufttagen.* Bei abnehmendem Mond sollte man die Kleidung waschen und dann einlagern. So werden Sie nur selten Motten im Kleiderschrank haben. Lagern Sie Ihre Kleidung an *Erdtagen* ein, müssen Sie mit unangenehmen Gerüchen rechnen. Lagern Sie die Kleidung an *Wassertagen* ein, kann sie sogar feucht werden.

Wände streichen: bei abnehmendem Mond, denn die Farbe trocknet dann schneller.

Wärmetage: entsprechen dem Element Feuer und damit den Feuerzeichen Widder, Löwe und Schütze, durch die der Mond an diesen Tagen wandert.

Wäsche waschen: bei abnehmendem Mond. Der Schmutz löst sich leichter aus der Wäsche. Am besten ist das Waschen an *Wassertagen.* Die Wäsche wird dann stets sauber und frisch. Steht der Mond im Steinbock, so sollten Sie diesen Tag zum Waschen meiden, es entsteht der gefürchtete Glanz auf dem Kleidungsstück. Bei zunehmendem Mond löst sich der Schmutz im allgemeinen nicht so leicht aus der Wäsche.

Wassertage: entsprechen dem Element Wasser und damit den

Wasserzeichen Krebs, Skorpion und Fische, durch die der Mond an diesen Tagen wandert.

Wasserzeichen: sind Krebs, Skorpion und Fische.

Wein aus Früchten: bei abnehmendem Mond ansetzen. Er wird länger haltbar sein, die Früchte gären nicht so schnell.

Winterfenster einsetzen: am besten in einem *Luftzeichen*.

Winterkleidung einlagern: siehe *Sommerkleidung*.

Wohnung einrichten: bei abnehmendem Mond an Stiertagen oder bei zunehmendem Mond an Jungfrautagen.

Wurzeltage: alle Tage, an denen der Mond in einem der *Erdzeichen* Stier, Jungfrau oder Steinbock steht.

Zimmerpflanzen düngen: bei abnehmendem Mond und an *Blatttagen*. Bei schwacher Wurzelbildung auch an *Wurzeltagen*; bei Blühpflanzen auch an *Blütentagen*.

Zimmerpflanzen gießen: wenn möglich nur an *Blatttagen*.

Zimmerpflanzen umtopfen: am besten an Jungfrautagen. Die Pflanzen wurzeln dann schneller an.

Kapitel 8

Der Mond: Magie und Mythos

Ein uralter Traum wurde im 20. Jahrhundert wahr: Am 21. Juli 1969 betraten Menschen zum ersten Mal den Mond. Schon vor mehr als 2 000 Jahren, nämlich um 165 v. Chr., hat sich Lukian von Samos eine Fahrt zum Mond ausgemalt. Und durch die vielen Jahrhunderte bis zu dem Zeitpunkt, als Neil Armstrong den Mond tatsächlich betrat, hat es immer wieder Ideen und Pläne gegeben, wie man den Mond erreichen könnte. Mit dem endlich Wirklichkeit gewordenen Besuch hat unser himmlischer Begleiter jedoch nichts von dem Zauber verloren, den er schon immer auf uns ausgeübt hat.

Zu allen Zeiten und bei allen Völkern der Erde war der Mond von Sagen begleitet. Man hielt ihn für den Sitz der Götter, ja sogar selbst für einen Gott oder meist eine Göttin. Mythen berichten überall auf der Welt von der Entstehung des Universums. Die natürliche Ordnung von Sonne, Mond und den Sternen findet sich in diesen Erzählungen beschrieben, die von Generation zu Generation weitergegeben wurden. Der Mond spielte in ihnen immer eine wichtige Rolle, ebenso wie in den vielen unvergessenen Märchen und Kinderliedern. Märchen und Mythen vom Mond sind oft stark mit Magie verbunden, mit den uralten Überlieferungen von Göttersagen, mit Sitten und Gebräuchen, die sich schon vor Urzeiten entwickelt haben und die bis heute erzählt werden. Archäologen können nachweisen, dass der Mond bereits 3 000 Jahre vor unserer Zeitrechnung vergöttlicht wurde. Die Spuren führen aber noch viel weiter zurück: Höhlenmalereien aus der Steinzeit, die man auf etwa 12 000 v. Chr. datieren kann, zeigen einen Mann, dessen Kopf eine Sichel ziert und der von Tieren umgeben ist. Das ist eindeutig, so meinen die Forscher, ein Hinweis auf den Mond als Symbol der Fruchtbarkeit. Für die Griechen waren die elysischen Felder auf dem Mond angesiedelt: Hier war die Heimat der seligen Toten. Und: Im alten Rom glaubte man, dass verstorbene Senatoren auf dem Mond leben. Denn dorthin kommen die Seelen der Rechtschaffenen. Die Schuhe der römischen Senatoren wurden übrigens mit halbmondförmigem Elfenbein verziert.

Bei vielen Völkern hatte der Mond nicht nur göttliche Kräfte, sondern galt selbst als Gott – besser gesagt: als Göttin. In sehr vielen Sprachen ist der Mond nämlich weiblich. Das hängt sicher damit zusammen, dass der weibliche Zyklus und der des Mondes etwa gleich lang dauern. Auch die Entstehung des Kalenders ist eng damit verbunden. Das zeigt zum Beispiel die Herleitung des Wortes »Menstruation«: Es stammt vom lateinischen *mensis* und das heißt Monat. Im Gälischen kannte man als Bezeichnung für Kalender und Menstruation ebenfalls sehr ähnlich klingende Wörter: *miosach* und *miosachan*. Natürlich findet sich der Mond auch in der Bezeichnung der Tage wieder, die nach altem, astrologischem Glauben von ihm besonders stark beeinflusst werden. Zum Beispiel bei unserem Montag. Im Französischem heißt der Mond *la lune* und der Montag *lundi*. Im Italienischen ist der Mond *la luna*, der Montag *lunedi*. Viele andere Bezeichnungen der verschiedenen Völker zeigen die große mythische Bedeutung des Mondes: Der gälische Name des Mondes, *gealach*, kommt von *Gala* oder *Galata* – das ist die Mondmutter der gälischen und gallischen

Stämme. Britannien wurde ganz allgemein *Albion*, »milchweiße Mondgöttin«, genannt. Das Stammwort für Mond/*moon* und *mood*, dem englischen Wort für Seele oder Verstand, war im indogermanischen *manas*, *mana* oder *men* begründet: Die Ableitung »Manie« bedeutete ursprünglich »ekstatische Offenbarung«; ebenso ist es mit dem englischen Wort *lunacy*, einem Ausdruck der Besessenheit vom Geiste Lunas, der Mondgöttin. Mondsüchtig (engl. *moon-touched* oder *moon-struck*) zu sein, galt nicht als negativ, sondern bezeichnete, dass jemand »von der Göttin erwählt« worden war. Bei den Griechen bedeutet *menos* sowohl Mond als auch Macht. Plutarch (um 50–120 n. Chr.) überliefert uns, dass die Römer die Wirkungen des Mondes denen von Vernunft und Weisheit gleichsetzten, die Kräfte der Sonne dagegen denen von Körperkraft und Gewalt.
Sprachforscher wissen: Alle Wörter mit der Bedeutung Mond gehen in den indoeuropäischen Sprachen auf das Sanskrit zurück. Das älteste dieser Wörter, das sich auf den Himmel und seine Gestirne bezieht, heißt *me* – und es bezeichnet den Mond.
Beim Volk der Ashanti gab es für alle Gottheiten nur ein einziges Wort: *boshun* – »Mondin«. In der baskischen Sprache waren die Bezeichnungen für Gottheit und Mond identisch; die Sioux-Indianer nannten den Mond »die alte Frau, die niemals stirbt«; in Eritrea hatten alle Herrscher den Namen der Göttin »Mond«. Und auch die Zeit und damit der Kalender wurden meist von weiblichen Mondgöttern regiert.

Magie und Zauberkunst wurde schon immer mit dem Mond verbunden: Denn der Mond ist der Regent der Nacht – jener Zeit also, in der die Hexen ihr Unwesen treiben. Viele Gestalten des Dunklen sind unheimlich: Geister und Vampire tauchen nur in der Nacht auf; bei Vollmond – so glaubte man –

verwandeln sich harmlose Menschen plötzlich in Werwölfe. Die Hexen versammeln sich stets in Vollmondnächten: Die Kraft des Mondes ist jetzt am größten und überträgt sich auf die Menschen. Aus Urzeiten überliefert finden die acht großen Hexenfeste immer am gleichen Tag statt. Als besonders großer Hexensabbat galten Beltane (30. April), Halloween (31. Oktober) und Candlemas (1. Februar).

Die dunklen Kräfte des Mondes wurden von den Menschen immer gefürchtet. Denn bei weitem nicht alle Mondgötter zeigten positive Kräfte, ihre Verbindung zur Magie und zu den Toten gab ihnen häufig auch eine zerstörerische Seite.
Schon sehr früh wurden auch Frauen eng in Zusammenhang mit den dunklen Kräften des Mondes gesehen: Der Menstruationszyklus richtet sich am uralten Mondkalender aus. Die Urkräfte des Mondes – also Intuition und Gefühl – gelten als weiblich. Sicher mit ein Grund, warum sie den männlichen Priestern des Christentums, aber auch früheren, patriarchalischen Religionen nicht so ganz geheuer waren. Das Wissen der Frauen und ihr religiöser Einfluss wurden nicht erst im Christentum zurückgedrängt. Die alten Überlieferungen, Rezepte und Heilmittel haben zwar überlebt, konnten aber oft nur heimlich weitergegeben werden. Dabei brauchten die weisen Frauen von Anfang an gar keine magischen Kräfte einzusetzen, wenn sie den Menschen helfen wollten: Eine genaue Beobachtung der Natur und der Gestirne, das Wissen um die Heilkräfte von Pflanzen und Kräutern, aber auch um ihre Gifte reichten völlig aus, um als »Kräuterhexe« im alltäglichen Leben unentbehrlich zu werden.

An Hexen hat man zu allen Zeiten und überall auf der Welt geglaubt. Ihr Wissen um natürliche Zusammenhänge wurde oft mit Zauberei vermischt gesehen: Sie waren die Einzigen, die Macht über Dämonen besaßen, sie wirkten mit ihren geheimnisvollen Kräften auf Mensch und Tier, auf Pflanzen und sogar auf Himmel und Erde ein. Hexen konnten mit bestimmten Zaubersprüchen Unheil oder Heil heraufbeschwören; sie bannten böse Geister und brachten in Notzeiten und bei Krankheit Hilfe und Heilung. Bis ins 15. Jahrhundert hinein waren die Zaubersprüche und Beschwörungen der weisen Frauen beinahe die einzige Quelle praktischer Medizin. Männer befassten sich nicht damit, denn Krankheit galt als dämonische Besessenheit – und das einzige offiziell zulässige Heilmittel dagegen war der Exorzismus. Doch auch in vorchristlicher Zeit lag die Heilkunst meist in der Hand von Frauen. Männliche Ärzte waren sogar viel später noch einzig und allein den Reichen vorbehalten. Die Armen – also der weitaus größte Teil der Bevölkerung – gingen zur Dorfhexe: meist eine weise Frau, die aus der Überlieferung von Generationen nicht nur Heilkünste, sondern auch so manchen magischen Spruch, so manche Zauberkraft ihr Eigen nannte.

Lexikon von A–Z

A: auch Sirdu oder Sirrida; so nannten die Chaldäer die Göttin des Mondes. Sie wurde als Scheibe mit acht Strahlen dargestellt.

Abnehmender Mond: der »unheilvolle Mond« und damit die Zeit der *schwarzen Magie*. Jetzt wird Zauber ausgeübt, der mit Vergeltung, Zwietracht, Hass, Unglück und Verderben zu tun hat. Bei den alten Germanen galt der abnehmende Mond als eine Phase, in der man nicht kämpfte – vor allem nicht kurz vor *Neumond*. Diesen

Glauben nutzte zum Beispiel der Feldherr Cäsar aus, indem er in dieser Phase angreifen ließ. Auch Cäsar richtete sich nach dem Mond: Für die Römer nämlich galt die Zeit nach *Vollmond* als besonders günstig für Zerstörungs- und Abbauarbeiten.

Achtundzwanzig: gilt nach der *Zahlensymbolik* als magische Mondzahl. Die vier Phasen des Mondes sind nach 28 Tagen vollkommen, der Mond ist danach durch 28 Sterngruppen gewandert.

Afrika: siehe *Mawa*.

Ägypten: siehe *Chonsu*, *Hathor*, *Isis* und *Thot*.

Alignak: bei den Eskimos in *Grönland* der Gott für die Mondtagesseite, der zusammen mit seiner Schwester Titanin-Sedna regierte. Die Seelen der Toten vergnügten sich mit Singen, Spielen und Jagen in der Nähe der beiden Gottheiten. Alignak fuhr in einem Schlitten, der von stolzen, schwarzköpfigen Hunden gezogen wurde.

Amerika: Manche Indianerstämme sehen eine *Frau im Mond*, die sich über einen Kochtopf beugt. Neben ihr steht ein kleiner Hund. Die Irokesen haben eine besondere Mondlegende: Die Schatten im Mond stellen eine Frau dar, die auf den Mond verbannt wurde. Der Grund: Sie hatte sich immer beklagt, dass sie nicht wisse, wann das Ende der Welt kommen werde. Nun muss sie zusammen mit ihrer Katze dort sitzen und weben. Einmal im Monat legt sie ihre Arbeit beiseite, um ihr Essen in einem Kessel umzurühren. Genau dann zerstört die Katze die Webarbeit der Frau – und so muss sie jeden Monat aufs Neue damit beginnen.

Amulett: vom lateinischen »amuletum«. Ein magisches Schutzmittel, das – im Gegensatz zum *Talisman* – böse Mächte abwehren soll.

Annit: eine nordbabylonische Mondgöttin, die später von *Ishtar* verdrängt wurde. Ihr Zeichen war ebenfalls die achtstrahlige Scheibe.

Arithmomantie: siehe *Zahlensymbolik*.

Arkana: vom lateinischen »arkanum« (= Geheimnis). In den Karten des *Tarots* kennt man 22 Trümpfe *(große Arkana)*, ein Arkanum ist der Mond. Er steht für die Auseinandersetzung mit dem Unterbewusstsein und das Erreichen einer neuen Bewusstseinsebene.

Artemis: die Mondgöttin der Griechen und außerdem die der Amazonen. Man huldigte ihr in jeder Vollmondnacht. Der Tempel der Artemis in der heute türkischen Ausgrabungsstätte Ephesos zählt zu den sieben Weltwundern der Antike.

Artimpasa: Mondgöttin der Skythen.

Assyrien: siehe *Sin*.

Astarte: westsemitische Göttin der Fruchtbarkeit, die mit zwei Mondhörnern auf dem Kopf dargestellt wird. Man fand Steinformen in ihrer Gestalt aus dem 17. vorchristlichen Jahrhundert, die wahrscheinlich als Backformen für Opferzeremonien benutzt wurden.

Azteken: siehe *Tlazolteotl*.

Babylon: siehe *Ishtar*. Babylon gilt außerdem als Ort der Erfindung der *Zahlensymbolik*. Der Mondgott war im altorientalischen Babylon die oberste Gottheit – und die Magie der Zahlen stammt zum größten Teil aus jener Zeit. Der babylonische Kalender wurde unter Hammurapi im 18. Jahrhundert vor unserer Zeitrechnung eingeführt. Er beruht auf den Mondphasen, und nach ihm sind jeweils der *siebte*, *vierzehnte*, *einundzwanzigste* und *achtundzwanzigste* Tag jeden Monats Unglückstage, an denen man bestimmte Arbeiten vermeiden musste.

Bär: ein »Mondtier«, denn ebenso wie der Mond zieht er sich periodisch von der Welt zurück.

Beltane: siehe *Hexensabbat*.

Brigid: Mondgöttin der *Kelten*, die auch als Göttin der Dichtkunst, der Schmiedekunst und der Heilkunst galt.

Britomaris: ursprünglich die Mondgöttin von *Kreta*, wurde später von den griechischen Eroberern als Führerin der Seefahrer übernommen.

Buddha: siehe *Indien*.

Candi: bei den Hindus das weibliche Gegenstück zu Chandra. Sie regiert monatlich abwechselnd mit diesem alten Mondgebieter.

Candlemas: siehe *Hexensabbat*.

Ch'ang O: chinesische Mondgöttin. Die Legende sagt, sie habe ihrem Mann, einem berühmten Bogenschützen, eine magische Pille geraubt. Vor seinem Zorn floh sie als *Kröte* auf den Mond – noch heute kann man sie in den dunklen Bereichen des Mondes als dreibeinige Kröte erkennen.

Chaldäer: siehe A.

China: siehe *Ch'ang* O. Legenden erzählen: Der Mond ist das Symbol eines *Hasen im Mond*, der Reis im Mörser zerstampft. Oder: Ein *Mann im Mond* sollte die Ehen aller Sterblichen arrangieren. Diese schwere Aufgabe bewältigt er mittels eines seidenen Bandes, das die Partner aneinander bindet. Es reißt so lange nicht, wie ein Menschenleben dauert.

Chonsu: ägyptischer Mondgott und der Herr der Zeit, der Sohn des Luftgottes Amun und der Muttergöttin Muts. Durch den Einfluss Chonsus werden die Frauen schwanger und vermehren die Zahl ihrer Kinder.

Christentum: Die frühen Christen dachten in Anlehnung an ältere Glaubensvorstellungen, im Mond würde Judas leben: Er wurde für seinen Verrat an Christus dorthin verbannt.

Dae-Soon: Mondgöttin in Korea.

Diabole: siehe *Griechenland*.

Diana: römische Mondgöttin, die bei den Griechen *Artemis* hieß. Sie zeigt sich oft auf der Sichel des Mondes reitend.

Dreihundertsechzig: hängt ebenfalls mit Mondmagie zusammen: Die magische Mondzahl *Siebenundzwanzig* verhält sich zur Sonnenzahl 360 wie 1 : 13 $^1/_2$. Durch die Jahrhunderte war dies genau das Wertverhältnis zwischen dem Sonnenmetall Gold und dem Mondmetall Silber.

Dreizehn: ist – ob als Glücks- oder Unglückszahl – ebenfalls mit dem Mond verbunden. Geht man nach dem Mondkalender, so kennen wir 13 Monate. Die Chinesen fügten alle paar Jahre in das Mondjahr einen 13. Monat ein, um wieder mit dem Sonnenjahr gleich zu gehen. Dieser 13. Monat wurde »Herr der Bedrängnis« genannt; auch in *Babylon* hatte man für die die Zahl der Sonnenmonate überschreitende 13 ein eigenes Haus im Horoskop: Man nannte es »Rabe« – ebenfalls ein Unglück bringendes Symbol.

Drudenfuß: siehe *Pentagramm*.

Duft: Als Düfte sind dem Mond Sandelholz, Myrre und Rosenwasser zugeordnet.

Edelsteine: Dem Mond sind die Edelsteine Aquamarin, Beryll, Mondstein, Selenit, Quarz und Kristall zugeordnet. Allen Planeten und auch den einzelnen *Planetenstunden* teilte man bestimmte Steine zu. Ihre Wirkungskraft ist dann jeweils am größten, wenn auch der betreffende Planet regiert.

Planetenstunden und die ihnen entsprechenden Edelsteine

Planetenstunde	**Edelstein**
Sonnenstunde	Bergkristall, Hyazinth, Chrysoberyll, Diamant, Sonnenstein, Rubin, grüner Achat, roter Jaspis, Goldtopas
Mondstunde	Smaragd, Opal, Aquamarin, Mondstein, helle Perlen, Nephrit, Aventurin, Goldberyll, Achat, Malachit
Marsstunde	Rubin, Granat, Almantin, Alexandrit, Hämatit, Karneol, Koralle, roter Jaspis
Merkurstunde	Beryll, Karneol, Blutstein, Heliotrop, alle Achate, Topas, Jaspis, Tigerauge, brauner Jaspis, Bernstein, Chitrin, Goldtopas
Jupiterstunde	Saphir, Beryll, Türkis, Amethyst, Lapislazuli, Heliotrop, Blutjaspis, blauer Edeltopas
Venusstunde	Heller Saphir, Lapislazuli, Korallen, Hyazinth, Rosenquarz, Rhodochrosit, Rhodorit, Carneol, Achat
Saturnstunde	Onyx, Chalzedon, dunkle Perlen, Rauchtopas, schwarzer Turmalin, Malachit, Moosachat, Sardonyx

Eigenschaften des Mondes: nach der *Planetenmagie* sind das Liebe, Frieden, Ruhe, Fruchtbarkeit, Heilung und Schlaf.

Einfacher Blutstrich: siehe *Pentagramm*.

Einundzwanzig: nach der persischen und später allgemein esoterischen *Zahlensymbolik* die Zahl der Perfektion, denn in ihr sind die heiligen Zahlen *Sieben* und *Drei* vereint. Auch die Bibel spricht von den 21 Vollkommenheiten.

Element: nach der alten Lehre die Grundbestandteile der Welt. Man orientierte sich an den vier Elementen Luft und Feuer, Erde und Wasser. Nach den Vorstellungen der antiken Naturphilosophie von den *Urqualitäten* entstand aus Trockenheit und Wärme das *Feuer*, aus Trockenheit und Kälte die *Erde*, aus Feuchtigkeit und Wärme die *Luft*, aus Feuchtigkeit und Kälte das *Wasser*.

Erde: eines der vier alten *Elemente*. Es symbolisiert Vorsicht, Berechnung und das Ausnutzen aller Möglichkeiten.

Etruskien: siehe *Zirna*.

Farben des Mondes: nach der *Planetenmagie* sind Weiß, Silber und alle Pastelltöne die Farben, die dem Mond zugeschrieben werden.

Feuer: eines der vier alten *Elemente*. Es symbolisiert den mitreißenden Wunsch und unbezwinglichen Willen, sich zu entfalten, zu behaupten und um jeden Preis durchzusetzen.

Fische: Wer in diesem Sternzeichen geboren ist, soll ein besonderes Talent für Magie haben.

Fische und Mond im gleichen Haus: Diese Tage sind günstig für magische Tätigkeiten, deren Wirkung von langer Dauer sein soll. Auch für Gebets- und Mentalheilungen.

Frau im Mond: In einem deutschen Märchen kennt man die Frau im Mond. Sie wurde dafür bestraft, dass sie am heiligen Sonntag Butter machte. Siehe *Mann im Mond*.

Fünfzackiger Stern: siehe *Pentagramm*.

Fünfzehn: auch die »kleine Mondzahl«; Sie stellt den Höhepunkt der Mondmacht dar. *Ishtar*, die mächtige Mondgöttin Babyloniens, hatte 15 Priester, und die Stadt dieser Göttin, das alte Ninive, besaß 15 Stadttore.

Grian-Stad: siehe *Hexensabbat*.

Griechenland: siehe auch *Artemis*, *Hekate* und *Selene*. Man war der festen Überzeugung, dass die gefürchteten Hexen von Thessaloniki ihre Macht vom Mond bezogen. Ein gefürchteter Zauber war zudem »Diabole«: Man berichtete dem Mond von allen Missetaten eines Feindes oder persönlichen Widersachers und flehte dann um Bestrafung. Das soll so gut funktioniert haben, dass der römische Kaiser Hadrian seinen griechischen Hofmagier Pachrates besonders gut entlohnte.

Grimoarien: siehe *Magiebücher*. Die Grimoarien sind von Magiern wohl vor allem für *weiße Magie* genutzt worden, um Wohlstand zu erlangen und Feinde fern zu halten.

Grönland: siehe *Alignak* und *Titanin-Sedna*. Die Eskimos verehren außerdem eine Mondgöttin, die bei ihnen »Die-keinen-Mann-nehmen-will« heißt.

Große Arkana: die 22 Trumpfkarten des *Tarots*, mit deren Hilfe man die Vergangenheit, die Gegenwart und die Zukunft deuten kann. Die Karten des großen *Arkanum* deutet man als Lebensphasen des Menschen. Die ersten elf repräsentieren die erste Lebenshälfte und das Handeln nach außen, die Karten 12 bis 22 dagegen die nach innen schauende Phase im Leben. Der Mond ist Zentrum der 18. Karte.

Gwaten: eine japanische Mondgöttin.

Halloween: siehe *Hexensabbat*.

Hase im Mond: eine weit verbreitete Erklärung für die Flecken auf dem Mond. Den Hasen im Mond kennt man in Afrika genauso wie in Tibet, Mexiko und im Orient. Siehe auch *Indien*.

Hathor: ägyptische Göttin, die als allgewaltige Himmelskuh mit einem riesigen Vollmond zwischen den Hörnern dargestellt wurde.

Heilige Zahl: siehe *Sieben*, *Vierzehn* und *Einundzwanzig*.

Heilzauber: sollte man stets bei zunehmendem Mond und an einem Freitag durchführen. Die Wirkung zeigt sich dann beim nächsten abnehmendem Mond.

Hekate: griechische Mondgöttin. Sie erschien des Nachts und wurde von Hunden begleitet. Man opferte ihr in allen Vollmondnächten. Sie gilt als Urmutter der Hexerei, denn sie ist die Herrscherin über Geister, Gespenster, Höllenkreaturen und Untote.

Hellsehen: eine uralte Kunst, die sich mit der Prophezeiung zukünftiger Ereignisse beschäftigt. Der Hellseher konzentriert sich dabei beispielsweise auf eine glatte und glänzende Oberfläche bis sich Visionen einstellen. Die bekannte Kristallkugel der Zigeuner ist eine dieser Formen. Man kennt aber auch Methoden, die den Mond direkt mit einbeziehen. Zum Beispiel kann der Hellseher nachts auf die Oberfläche eines Sees oder Teiches schauen. Spiegelt sich der Mond als Sichel oder Scheibe darin, verstärkt das die seherischen Kräfte.

Hermes: siehe *Thot*.

Hexagramm, auch sechszackiger Stern: gilt als Salomonsiegel. Es sind die miteinander verbundenen Dreiecke des Männlichen und des Weiblichen, aber auch die vier alchemistischen Zeichen für *Feuer*, *Wasser*, *Luft* und *Erde*. Das Hexagramm schützt vor bösen Mächten.

Hexensabbat: alte Feiertage aus heidnischer Zeit, an denen die Hexen besondere Feste feierten. An allen Hexensabbaten tanzen die Hexen links herum (entgegen dem Uhrzeigersinn) um ein Feuer – und damit im Lauf des Mondes. Sie tragen Masken, springen über die Flammen, halten Opfermahlzeiten ab und beten Bäume, Quellen und heilige Steine an. Die Kräfte des Mondes verstärken in diesen Nächten die Kraft der einzelnen Hexen. Die acht Hexensabbate sind: Julfest zur Wintersonnenwende vom 20. bis 23. Dezember; Candlemas oder das Fest der *Brigid* in der Nacht vom 1. zum 2. Februar; das Ostara-

Ritual zur Tagundnachtgleiche im Frühling, vom 20. bis 23. März; Beltane – das Maifest in der Walpurgisnacht am 30. April; Litha oder Grian-Stad – die Sommersonnenwende vom 20. bis 23. Juni; Lugnasad – das Schnitterfest in der Nacht des 1. August; Mabon – die Tagundnachtgleiche vom 20. bis 23. September; Samhain oder Halloween vom 31. Oktober zum 1. November. An diesem Tag feiern die Hexen Neujahr.

Hindus: siehe *Candi* und *Soma*.

Hinia: polynesische Mondgöttin.

Huitaca: die Mondgöttin der kolumbianischen Indianer; man stellte sie als Eule dar. Sie war der Geist der Freude und des Vergnügens.

Hund: wird mit dem Mond in Verbindung gebracht, weil er oftmals ein Gefährte von Göttern des Mondes oder der Unterwelt ist. Zudem ist es auch heute noch sprichwörtlich, dass er den Mond anheult.

Imbolc: die Initiation der Hexen zu Candlemas, einem der acht *Hexensabbate*.

Ina: die *Frau im Mond*, die man auf der Insel Magaia *(Neuseeland)* verehrt. Sie webt ein Tuch aus weißen Wolken und lässt es am Himmel segeln.

Indien: Buddha soll sich in einen *Hasen* verwandelt zum Opfer dargebracht haben. Aus Dankbarkeit für diese Selbstlosigkeit wurde ein Bild davon in den Mond gemalt.

Inkas: siehe *Mama Quilla*.

Irokesen: siehe *Amerika*.

Isaak: siehe *Judentum*.

Ishtar: auch Ischtar; die mächtige Mondgöttin in *Babylon*. Wenn sie in die Unterwelt reiste, um ihren toten Geliebten zu suchen, musste sie ihre Kleider ablegen – der Mond verdunkelte sich. Wenn sie zurückkehrte und sich wieder bekleidete, begann der Mond erneut zu leuchten.

Isis: die Mondgöttin im alten Ägypten. Sie verkörperte sowohl Mond als auch Sonne. Nach der Legende ist sie die Mutter des Pharaonenlandes. Sie wurde bis ins fünfte nachchristliche Jahrhundert verehrt.

Ix Chel: die Mondgöttin der Mayas. Sie lag im ewigen Streit mit der Sonne – obwohl die beiden eigentlich Liebende waren. Im Zorn befahl die Sonne Ix Chel, den Himmel zu verlassen – von nun an war sie tagsüber nicht mehr zu sehen.

Jahreszeit: Die Jahreszeit des Mondes ist der Herbst.

Jakob: siehe *Judentum*.

Japan: siehe *Gwaten* und *Tsuki-Yomi*.

Judentum: Der *Mann im Mond* ist hier Jakob oder Isaak, der das Holz für seine eigene Opferung auf den Berg Moriah schleppt. Auch Kain, der Dornen auf seinem Rücken trägt, wird in den Mond verbannt. In der Bibel beziehen sich zahlreiche Stellen auf den Mond – ein deutlicher Hinweis darauf, dass der Mond eine wichtige Rolle im Alltags- und Religionsleben spielte. Die Hebräer nannten den Mond »Moled«. Bei der ersten Sicht auf die schmale Sichel nach *Neumond* wurden in Jerusalem sämtliche Posaunen und Trompeten geblasen: Damit wurde der Beginn eines neuen Monats gefeiert. Der jüdische Kalender orientiert sich heute noch am Mond.

Julfest: siehe *Hexensabbat*.

Juno: die römische Göttin des Mondes und des Himmels, sie wurde vor allem in Neumondnächten verehrt.

Kabbala: jüdische Geheimlehre, die sich mit der Symbolik von Zahlen und Buchstaben in der Bibel befasst. Sie beruht auf den 22 Buchstaben des hebräischen Alphabets.

Kanada: siehe *Roong*.
Kelch: magisches Mondgerät aus der *Planetenmagie*.
Kelten: siehe *Brigid*.
Kleine Arkana: die »kleinen« Karten aus dem *Tarot*. Aus ihnen entstanden nach allgemeiner Auffassung die uns heute bekannten Spielkarten. Die kleinen Arkana werden nach »Farben« eingeteilt. Man unterscheidet: Kelche (entspricht den Herzkarten im modernen Kartenspiel), Schwerter (entspricht dem Pik), Münzen (entspricht dem Karo) und Stäbe (entspricht dem Kreuz). Die kleinen Arkana waren für die Deutung der Zukunft nicht so wichtig wie die Trümpfe, die man *»große Arkana«* nennt.
Kleine Mondzahl: siehe *Fünfzehn*.
Kolumbien: siehe *Huitaca*.
Korea: siehe *Dae-Soon*.
Krebs und Mond im gleichen Haus: Diese Zeit ist günstig für nächtliche Magie und all jene magischen Arbeiten, die schnellen Fortschritt erbringen sollen. Auch für Gebets- und Mentalheilungen.
Kreta: siehe *Britomaris*.
Kröte im Mond: kennt man in *China* (siehe *Ch'ang O*), aber auch bei Inselvölkern im nordwestlichen Pazifik: Dort berichtet die Legende, dass sich ein Wolf in eine kleine Kröte verliebte. Er bat den Mond, besonders hell zu scheinen, damit er sie jagen könne. Voller Angst jedoch sprang die Kröte in den Mond und blieb dort. Auch bei vielen Indianervölkern Nordamerikas ist der Frosch im Mond bekannt: Manchmal wurde er vom Mond verschluckt. Oder er beschützt dort sitzend Sonne und Mond davor, von einem Bären verschlungen zu werden.
Lettland: siehe *Meness*.
Litha: siehe *Hexensabbat*.

Lucina: römische Mondgöttin, deren Name »kleines Licht« bedeutet. Sie hatte ihren Ehrentag am 15. August (heute in der katholischen Kirche Mariä Himmelfahrt).

Luft: eines der vier *Elemente*. Es symbolisiert seelische und geistige Schnelligkeit, Vernunft und geschickte Beweglichkeit.

Lungasad: siehe *Hexensabbat*.

Luonnotar: skandinavische Mondgöttin. Die Schöpferin Luonnotar brütete über dem Meer und brachte schließlich das Weltei, den Himmel und die Erde hervor. Diese Mondgöttin schuf die Zeit, mit all ihren Kreisläufen von Schöpfung, Wachstum, Verfall und Zerstörung.

Mabon: siehe *Hexensabbat*.

Magie bei abnehmendem Mond: Bei abnehmendem Mond geht es vor allem um Bannsprüche und Schadenszauber. Diese Mondphase wird für die *schwarze Magie* genutzt.

Magie bei Neumond: Die Neumondnacht selbst ist eigentlich für Zauber jeder Art tabu: Denn Sonne und Mond stehen zu diesem Zeitpunkt im selben Haus; man kann also nie ganz sicher sein, ob ein Zauberspruch in sein Gegenteil umschlägt. Lediglich in der *schwarzen Magie* nutzt man den Neumond.

Magie bei zunehmendem Mond: Bei zunehmendem Mond und natürlich bei *Vollmond* geht es um Wachstum und Wohlbefinden. Diese Mondphasen werden für die *weiße Magie* genutzt.

Magiebücher: auch »Grimoarien« genannt (ursprünglich vom französischen »grammaire«). Diese Bücher waren vom 17. bis 19. Jahrhundert besonders beliebt. Eines der ältesten ist der »Schlüssel Salomos«; es wird dem biblischen König *Salomon* zugeschrieben. In Magiebüchern sind genaue Anweisungen enthalten, wie Zauberrituale auszuführen sind. Sie betreffen die Kleidung und das Werkzeug des Magiers, Anleitungen für die rituelle Reinigung, für magische Kreise, das Anfertigen von Talismanen und natürlich das Aufsagen der Zaubersprüche.

Magische Arbeit: sollte man nur durchführen, wenn der Mond in den Sternzeichen *Krebs*, *Skorpion*, *Fische* oder *Zwillinge* steht.

Magische Stunden: Nach Sonnenaufgang und Sonnenuntergang kannte man in früherer Zeit besondere magische Stunden, die sich vor allem für Mondrituale eignen sollten. Es geht dabei nicht genau um die Uhrzeit – schließlich hatte man früher keine Armbanduhr. Man richtete seine Zeit nach der groben Unterscheidung von Tag und Nacht ein. Magische Stunden sind zudem je nach Wochentag verschieden.

Die magischen Stunden

Wochentag	Stunde nach Sonnenaufgang
Sonntag	vierte und elfte
Montag	erste und achte
Dienstag	fünfte und zwölfte
Mittwoch	zweite und neunte
Donnerstag	sechste
Freitag	dritte und zehnte
Samstag	siebte
	Stunde nach Sonnenuntergang
Sonntag	sechste
Montag	dritte und zehnte
Dienstag	siebte

Wochentag	Stunde nach Sonnenuntergang
Mittwoch	vierte und elfte
Donnerstag	erste und achte
Freitag	fünfte und zwölfte
Samstag	zweite und neunte

Magische Zeichen: siehe *Siegel Salomons*.

Mah: persische Mondgöttin, in deren Licht alle Pflanzen wachsen.

Malaysia: Legenden erzählen, dass ein *Mann im Mond* sitzt, der einen Buckel hat und eine Angel hält.

Mama Quilla: Mondgöttin der Inkas. Sie schützt vor allem die verheirateten Frauen. Man bildete Mama Quilla als silberne Scheibe mit weiblichen Merkmalen ab. Bei einer Mondfinsternis, so glaubte man im Inkareich, würde die Göttin von einem himmlischen Jaguar verschlungen.

Mandel: Das Maß »Mandel« bezeichnete die Menge von 15 Stück – abgeleitet von »mande«, was einen Monatsteil bezeichnet, nämlich den halben Mond. Siehe *Fünfzehn*.

Mann im Mond: Die Sage vom Mann im Mond gibt es in vielen Ländern. In der unregelmäßigen Oberfläche des Mondes, in seinen Gebirgen und Meeren, glaubte man vielerlei Figuren zu entdecken. Der Mann im Mond, der dorthin verbannt wurde, ist nur eine davon. Die deutsche Version dieses Märchens berichtet von einem Mann, der sonntags zum Holz sammeln in den Wald ging. Dabei traf er einen Fremden, der auf dem Weg zur Kirche war. »Weißt du nicht, dass am Sonntag alle Arbeit ruhen muss?«, fragte dieser. Der Holzsammler lachte bloß: »Ob Sonntag oder Montag, das ist mir alles eins!« – »Dann sollst du dein Bündel bis in alle Ewigkeit tragen. Wie du dem Sonntag Ehre erweist, soll für dich immer Mond-Tag am Himmel herrschen!«, zürnte der Fremde und verschwand. Und so fand sich der Holzsammler mit seinem Reisigbündel im Mond wieder, wo er bis heute zu sehen ist.

Mawa: afrikanische Mondgöttin, die zusammen mit ihrem Bruder Lisa über den Himmel herrscht.

Mayas: siehe *Ix Chel*.

Meness: lettischer Mond- und Kriegsgott. Lettland ist eine der wenigen Regionen, die den Mond mit kriegerischen Zwecken verbanden. Die Letten sahen in ihm einen unermüdlichen Kämpfer, den man zur Weihe der Kriegsfahnen und zu Beginn aller Feldzüge anrief.

Mexiko: siehe *Mictecacihuatl*. Hier kennt man die uralte Überlieferung, dass Sonne und Mond anfangs gleich hell waren. Den Göttern gefiel dies jedoch nicht. Und so warf einer einen *Hasen* in den Mond. Die dunklen Flecken, die dabei entstanden, machten den Mondschein auf ewig dunkler.

Mictecacihuatl: mexikanische Mondgöttin, die Mutter aller Wesen. Sie war aber auch die Zerstörerin und Verschlingerin der Toten.

Moled: siehe *Judentum*.

Mondmagie: siehe auch *Planetenzauber*. Wichtig für Mondmagie ist selbstverständlich, in welchem Tierkreiszeichen der Mond steht. Jedes Mondzeichen hat danach seine ganz besondere Bedeutung.

Mondzeichen und ihre magische Wirkung

Mond im Sternzeichen	steht für
Widder	Schutz und Mut
Stier	Frieden, Wachstum und Geld

Mond im Sternzeichen	steht für
Zwilling	Weissagungen und Wünsche
Krebs	Liebe, Familie und Gefühle
Löwe	Sex und Leidenschaft
Jungfrau	Heilung
Waage	Partnerschaft, Beziehungen und Heirat
Skorpion	Verteidigung, Mut und Exorzismus
Schützen	Reisen
Steinbock	Verbannungen und Bannung von bösem Zauber
Wassermann	Mysterien und Geheimnisse
Fische	Bewusstseinserweiterung, Träume und Magie

Mondzahlen: die Zahlen *Sieben*, *Vierzehn*, *Fünfzehn*, *Siebenundzwanzig*, *Achtundzwanzig* und auch *Dreihundertsechzig* gelten als Mondzahlen.

Mondzauber: Ein besonders Talent für *Mondmagie* wird all jenen nachgesagt, die in den Zeichen Skorpion, Steinbock, Wassermann oder Fische geboren sind.

Musik: In der Musik wird dem Mond die Note b zugeschrieben.

Neumond: Bei Neumond sollen nach alter Überlieferung keine Hexenkünste ausgeübt werden. Denn man kann an diesem Tag, an dem Sonne und Mond im selben Sternzeichen stehen, nie sicher sein, ob ein Zauberspruch in sein Gegenteil umschlägt oder sich gegen Hexe oder Magier selbst richtet. Einzig und allein die *schwarze Magie* nutzt den Neumond: für Zauber, der Tod oder Zerstörung bringen soll.

Neumond am Samstag: der beste Tag, um gegen feindliche Mächte vorzugehen, am besten in einer Stunde, in welcher der Planet Saturn herrscht. Siehe *Planetenstunden*.

Neuseeland: Die Maori glauben, die *Frau im Mond* sei eine Greisin gewesen, die ständig schimpfte und nörgelte. Deshalb packte der Mond sie eines Abends und nahm sie mit sich. Siehe auch *Ina*.

Nordeuropa: Hier sah man einen *Mann im Mond*, der aus einem Eimer Teer dunkle Flecken auf den Mond malt.

Numerologie: siehe *Zahlensymbolik*.

Numeromantie: siehe *Zahlensymbolik*.

Ostara-Ritual: siehe *Hexensabbat*.

Pentagramm: auch Drudenfuß, fünfzackiger Stern oder »einfacher Blutstrich« genannt. Das Pentagramm war das Zeichen der Venus und galt als Symbol für Hexen und Magier, die durch ihr Wissen den Weg zu einem glücklichen Dasein gefunden zu haben glaubten. Der Fünfstern symbolisierte die Gestalt des Menschen und diente vor allem als Schutz.

Persien: siehe *Mah*.

Pflanzen: Dem Mond zugeordnet sind all jene Pflanzen, die weiße Blüten haben, und solche, die in der Nacht blühen.

Planetenmagie: eine Richtung der Mondmagie innerhalb der abendländischen Kultur neben der *zeremoniellen Magie*. Dabei arbeiten Hexe oder Magier ausschließlich mit den Planeten und den ihnen zugeordneten Eigenschaften. Dem Mond sind dabei ebenfalls bestimmte Merkmale zugehörig. Man schreibt ihm bei der Planetenmagie die *Eigenschaften* Liebe, Frieden, Ruhe, Fruchtbarkeit, Heilung und Schlaf zu. Seine *Farben* sind Weiß, Silber und alle Pastelltöne. Sein *Tag* ist der Montag, seine *Jahreszeit* der Herbst, sein *Tierkreiszeichen* der Krebs. Das magische

Mondgerät ist der Kelch – und die Kelche entsprechen ihm auch im *Tarot*. In der *Musik* wird ihm die Note b zugeschrieben, seine *Pflanzen* sind all jene, die weiße Blüten haben, und solche, die in der Nacht blühen. Seine *Düfte* sind Sandelholz, Myrre und Rosenwasser, seine *Edelsteine* Aquamarin, Beryll, Mondstein, Selenit, Quarz und Kristall. All dieses Wissen und die entsprechenden Gegenstände und Praktiken werden eingesetzt, um den Mond zu veranlassen, seine Kräfte dem Magier zu leihen.

Planetenstunden: Jede Stunde des Tages wird von einem Planeten besonders stark beeinflusst. Diese Stundenregenten wurden früher nummeriert – von Stunde 1 bis Stunde 24. Dabei ist zu beachten: Die Stunde 1 entspricht der Tageszeit von 6 bis 7 Uhr morgens, die Stunde 24 ist demnach die letzte Nachtstunde und dauert von 5 bis 6 Uhr früh. Während der Sommerzeit verschieben sich die Stunden nochmals.

Planetenstunden

Stunde	Sonntag	Montag	Dienstag
1 (06–07)	☉ Sonne	☽ Mond	♂ Mars
2 (07–08)	♀ Venus	♄ Saturn	☉ Sonne
3 (08–09)	☿ Merkur	♃ Jupiter	♀ Venus
4 (09–10)	☽ Mond	♂ Mars	☿ Merkur
5 (10–11)	♄ Saturn	☉ Sonne	☽ Mond
6 (11–12)	♃ Jupiter	♀ Venus	♄ Saturn
7 (12–13)	♂ Mars	☿ Merkur	♃ Jupiter
8 (13–14)	☉ Sonne	☽ Mond	♂ Mars
9 (14–15)	♀ Venus	♄ Saturn	☉ Sonne
10 (15–16)	☿ Merkur	♃ Jupiter	♀ Venus
11 (16–17)	☽ Mond	♂ Mars	☿ Merkur
12 (17–18)	♄ Saturn	☉ Sonne	☽ Mond
13 (18–19)	♃ Jupiter	♀ Venus	♄ Saturn
14 (19–20)	♂ Mars	☿ Merkur	♃ Jupiter
15 (20–21)	☉ Sonne	☽ Mond	♂ Mars
16 (21–22)	♀ Venus	♄ Saturn	☉ Sonne
17 (22–23)	☿ Merkur	♃ Jupiter	♀ Venus
18 (23–24)	☽ Mond	♂ Mars	☿ Merkur
19 (00–01)	♄ Saturn	☉ Sonne	☽ Mond
20 (01–02)	♃ Jupiter	♀ Venus	♄ Saturn
21 (02–03)	♂ Mars	☿ Merkur	♃ Jupiter
22 (03–04)	☉ Sonne	☽ Mond	♂ Mars
23 (04–05)	♀ Venus	♄ Saturn	☉ Sonne
24 (05–06)	☿ Merkur	♃ Jupiter	♀ Venus

Stunde	Mittwoch	Donnerstag	Freitag	Samstag
1 (06–07)	☿ Merkur	♃ Jupiter	♀ Venus	♄ Saturn
2 (07–08)	☽ Mond	♂ Mars	☿ Merkur	♃ Jupiter
3 (08–09)	♄ Saturn	☉ Sonne	☽ Mond	♂ Mars
4 (09–10)	♃ Jupiter	♀ Venus	♄ Saturn	☉ Sonne
5 (10–11)	♂ Mars	☿ Merkur	♃ Jupiter	♀ Venus
6 (11–12)	☉ Sonne	☽ Mond	♂ Mars	☿ Merkur
7 (12–13)	♀ Venus	♄ Saturn	☉ Sonne	☽ Mond
8 (13–14)	☿ Merkur	♃ Jupiter	♀ Venus	♄ Saturn
9 (14–15)	☽ Mond	♂ Mars	☿ Merkur	♃ Jupiter
10 (15–16)	♄ Saturn	☉ Sonne	☽ Mond	♂ Mars
11 (16–17)	♃ Jupiter	♀ Venus	♄ Saturn	☉ Sonne
12 (17–18)	♂ Mars	☿ Merkur	♃ Jupiter	♀ Venus
13 (18–19)	☉ Sonne	☽ Mond	♂ Mars	☿ Merkur
14 (19–20)	♀ Venus	♄ Saturn	☉ Sonne	☽ Mond
15 (20–21)	☿ Merkur	♃ Jupiter	♀ Venus	♄ Saturn
16 (21–22)	☽ Mond	♂ Mars	☿ Merkur	♃ Jupiter
17 (22–23)	♄ Saturn	☉ Sonne	☽ Mond	♂ Mars
18 (23–24)	♃ Jupiter	♀ Venus	♄ Saturn	☉ Sonne
19 (00–01)	♂ Mars	☿ Merkur	♃ Jupiter	♀ Venus
20 (01–02)	☉ Sonne	☽ Mond	♂ Mars	☿ Merkur
21 (02–03)	♀ Venus	♄ Saturn	☉ Sonne	☽ Mond
22 (03–04)	☿ Merkur	♃ Jupiter	♀ Venus	♄ Saturn
23 (04–05)	☽ Mond	♂ Mars	☿ Merkur	♃ Jupiter
24 (05–06)	♄ Saturn	☉ Sonne	☽ Mond	♂ Mars

Polynesien: siehe *Hinia*.
Rom: siehe *Diana*, *Juno* und *Lucina*.
Roong: männlicher Mondgott bei den in Kanada lebenden Haida. Man glaubte, er habe aus Langeweile eines Tages einen Menschen entführt. Dieser versucht sich immer aufs Neue freizukämpfen. Wenn im Laufe des Kampfes ein Wassereimer umfällt, regnet es auf der Erde.
Salomon: Bei den mittelalterlichen Okkultisten wurde Salomon sehr verehrt: wegen seiner Weisheit und weil ihm von Gott das Wissen und die Fähigkeit verliehen worden sein sollen, ganze Armeen von Dämonen zu befehligen. Magische Zeichen bezeichnet man oft als *Siegel Salomos*.
Samhain: siehe *Hexensabbat*.
Samoa: Hier glaubt man, im Mond eine Frau namens *Sina* zu erkennen.
Schlange: gilt oft als Mondwesen; die Inkas verbanden sie mit Fruchtbarkeit und Erneuerung.
Schnecke: ein »Mondtier«, denn ebenso wie der Mond zieht sie sich periodisch von der Welt zurück.
Schnitterfest: siehe *Hexensabbat*.
Schwarze Magie: ist die Art Zauberei, die dem Menschen schadet, sie wird für Bannsprüche und Flüche eingesetzt. Siehe auch *abnehmender Mond*.
Sechszackiger Stern: siehe *Hexagramm*.
Selene: griechische Göttin des Vollmondes. Geflügelt und mit einer halbmondförmigen Krone geschmückt, fährt sie in einem Wagen, der von zwei Schimmeln gezogen wird.
Sieben: gilt als heilige Zahl und als Zahl des Mondes. Alle sieben Tage beendet der Mond eine Phase und ändert seine Gestalt. In der Astrologie kannte man in alter Zeit sieben Planeten (Sonne, Mond, Merkur, Mars, Venus, Jupiter und

Saturn), die auf Erde und Menschen Einfluss hatten. Zu den sieben Planeten gehörten sieben Himmelssphären. In allen Beobachtungen, Aufzeichnungen und in vielen Sagen und Legenden der unterschiedlichsten Völker taucht immer wieder die Zahl Sieben auf. Selbst aus vielen Märchen kennen wir diese Zahl: Wir kennen die sieben Geißlein oder die sieben Raben, Schneewittchen wurde von sieben Zwergen betreut, die hinter sieben Bergen lebten.

Siebenundzwanzig: gilt ebenfalls als magische Mondzahl: Im Idealfall, also bei klarem Himmel, ist der Mond 27 Tage lang sichtbar – die Nacht des Neumonds bleibt ausgespart. Im Altägyptischen kannte man ein Brettspiel mit 30 Feldern. Wer das 27. Feld – es hieß »Wasser« – erreichte, hatte verloren: sicher eine ursprüngliche Erinnerung an die Nacht des Dunkelmonds.

Siegel Salomons: magische Zeichen, die dem jüdischen König *Salomon* zugeschrieben werden. Dazu rechnet man etwa *Pentagramm* und *Hexagramm*.

Sin: Der Mondgott der Assyrer, Babylonier und Sumerer ist der Sohn des Sturmgottes Enlil. Sin ist ein alter Mann, der Nacht für Nacht in einer Barke, einem schimmernden Halbmond, über den Himmel fährt. Der Mondgott Sin ist der Feind aller Bösewichte, die sich im Dunkel der Nacht verbergen.

Sina: Auf Samoa glaubt man, im Mond eine Frau namens Sina und ihr Kind zu erkennen: Sie forderte den Mond auf, ihrem hungernden Kind ein Stück von sich zu essen zu geben. Voller Wut stürzte der Mond auf die Erde und nahm Sina samt ihrem Kind mit sich.

Sirdu: siehe A.

Sirrida: siehe A.

Skandinavien: siehe *Luonnatar*.
Skorpion: Wer in diesem Sternzeichen geboren ist, soll ein besonderes Talent für Magie haben.
Skorpion und Mond im gleichen Haus: Diese Tage sind günstig für alle Gebetsheilungen.
Skythen: siehe *Artimpasa*.
Slawien: siehe *Ursula*.
Soma: Mondgott der Hindus, der über alle Gestirne und Pflanzen gebietet.
Steinbock: Wer in diesem Sternzeichen geboren ist, soll ein besonderes Talent für Magie haben.
Stier: ein Fruchtbarkeitssymbol des Mondes: Seine Hörner ähneln der Mondsichel.
Stier und Mond im gleichen Haus: Diese Tage sind günstig für magische Arbeiten, die von langer Dauer sein sollen.
Stundenregenten: siehe *Planetenstunden*.
Sumer: siehe *Sin*.
Talisman: geweihter Gegenstand, der im Gegensatz zum *Amulett* Glück bringen soll. Das Wort stammt vom griechischen »télesma«.
Tarot: ein Satz Karten, der für Weissagung und Orientierung in der Welt genutzt wird. Seine Herkunft ist bis heute ungeklärt. Okkultisten behaupten, der Ursprung des Tarots gehe bis auf das alte *Babylon* und *Ägypten* zurück, auch Atlantis oder Tibet werden als Herkunftsländer genannt. Nachweislich traten Tarotkarten im Frankreich des Mittelalters auf (etwa um 1390). Aus dem Tarot entstanden unsere modernen Spielkarten. Im Tarot hat jede Karte ihre ganz besondere Bedeutung. Es gibt insgesamt 78 Karten, die in die 56 Karten des *kleinen Arkanum* und die 22 Karten des *großen Arkanum* unterteilt werden. Diese 22 Trümpfe sind das so genannte Herz des Tarots. Der

Mond ist die Karte 18 und bedeutet Intuition, eine Zeit, in der man keine rationalen Entschlüsse fasst, sondern nach dem Gefühl handelt.

Thing: regelmäßig abgehaltene Volks- und Gerichtsversammlungen bei den alten Germanen. Sie fanden stets bei Vollmond oder zunehmendem Mond statt. In dieser Phase glaubte man am ehesten zu positiven Entscheidungen zu kommen.

Thot: wichtigster Mondgott Ägyptens. Man verehrte ihn in Gestalt des Vogels Ibis. Thot war nicht nur Gott des Mondes, sondern auch der Zeit; er hat die Schrift erfunden, schrieb das Urteil über die Toten und galt als »Herz und Zunge des großen Sonnengottes«. Als Gott der Weisheit und der Magie lenkte er Kunst und Wissenschaft. Thot entspricht dem Gott Hermes der Griechen.

Tierkreiszeichen: Das Sternzeichen Krebs ist dem Mond zugeordnet.

Titanin-Sedna: siehe *Alignak*.

Tlazolteotl: aztekische Liebesgöttin, die eng mit dem Mond zusammenhängt. Sie verschafft Begehren und Wollust – vor allem in verbotenen Liebesbeziehungen.

Tsuki-Yomi: japanischer Mondgott der Schinto-Religion. Er verwaltet die Zeit: Die erste Silbe *Tsuki* bedeutet Mond, und *Yomi* bedeutet »Zähler der Monate.

Urmutter der Hexerei: siehe *Hekate*.

Urqualitäten: die vier Grundbestandteile Trockenheit und Feuchtigkeit sowie Wärme und Kälte, aus denen nach der antiken Naturphilosophie die vier *Elemente* entstanden sind.

Ursula: auch Horsel, Orsel; slawische Mondgöttin, die später vom Christentum übernommen und zur Heiligen gemacht wurde.

Vierzehn: eine der wichtigen *Mondzahlen*. Vierzehn Tage verhelfen dem werdenden Mond zu seiner Herrschaft. Im Islam ist dies noch heute deutlich zu erkennen: Hier gilt die Vierzehn als heilige Zahl. Denn einer der Namen Mohammeds, Taha, hat den Zahlenwert Vierzehn und deutet darauf hin, dass der Prophet einst strahlend wie der volle Mond in der Dunkelheit der Welt erschien.

Vollmond: die beste Zeit für Feste. Viele unserer heutigen christlichen Feste gehen auf die alte Sitte zurück, bei Vollmond zu feiern. Ostern wird zum ersten Vollmond nach der Tagundnachtgleiche des Frühlings (21. März) ausgerichtet. Für die Germanen galt dieses Datum ebenfalls als heilig – und so kam es, dass »echte, wohl geborene Germanen« stets im Dezember – neun Monate nach dem Vollmond im Frühling – geboren wurden.

Waage und Mond im gleichen Haus: Diese Tage sind günstig für Magie, die tagsüber ausgeübt wird.

Wasser: eines der vier *Elemente*. Es symbolisiert das Streben nach Frieden und Ruhe. Äußere Macht und Geltung werden aufgegeben, um die Sehnsucht nach innerer Entwicklung und Reife zu verwirklichen.

Wassermann: Wer in diesem Sternzeichen geboren ist, soll ein besonderes Talent für Magie haben.

Weiße Hexe: eine Hexe, die ihre magischen Kräfte ausschließlich zu guten Zwecken einsetzt. Hierzu zählte man früher vor allem die »weisen Frauen« und Kräuterkundigen.

Weiße Magie: nutzt dem Menschen und wird nicht zu seinem Schaden angewandt. In der weißen Magie kennt man vor allem Schutzzauber und magische Segenssprüche, die vor Unheil bewahren sollen.

Wochentag: Natürlich wird dem Mond der Montag zugeordnet.

Yang: bei den Chinesen das männliche Prinzip im Gegensatz zum *Yin*.

Yin: bei den Chinesen das weibliche Prinzip im Gegensatz zum *Yang*. Der Mond entspricht seit frühester Zeit auch dem Yin.

Zahlensymbolik: eine der ältesten Formen okkulten Brauchtums. Man weiß nicht genau, wo die Zahlensymbolik herstammt, geht aber davon aus, dass sowohl in *Babylon* als auch im alten Ägypten Theorien über die Bedeutung von Zahlen aufgestellt wurden. Für die Anhänger der *Kabbala* waren ebenso wie für die Gelehrten des Altertums und des christlichen Mittelalters Zahlen von besonderer Bedeutung. Die bis in die Gegenwart überlieferten Zahlensysteme scheinen sich auf die Lehre des griechischen Mathematikers und Philosophen Pythagoras zu gründen. Er war der Überzeugung, dass sich das ganze Universum mathematisch einordnen und alles, was sich darin befindet, in Zahlen ausdrücken ließe. Zahlen sind demnach der Schlüssel zum Universum.

Zeremonielle Magie: neben der *Planetenmagie* die zweite Richtung der Mondmagie in der abendländischen Kultur. Die zeremonielle Magie hält sich peinlich genau an bestimmte Rituale, die zum Teil in *Magiebüchern* niedergeschrieben wurden: Der Magier verfährt dabei nach seit dem Altertum fest vorgeschriebenen Abläufen, um einen Zauber zu bewirken oder Geister und Naturgewalten zu beschwören. Die Einflüsse der Planeten werden dabei natürlich berücksichtigt.

Zirna: etruskische Mondgöttin, die mit einem Halbmond um den Hals dargestellt wird.

Zunehmender Mond: der »gütige Mond« und traditionsgemäß die Zeit der *weißen Magie*. In dieser Mondphase wird all jener Zauber ausgeführt, der mit Wachstum, Glück, Reichtum und Zugewinn in Zusammenhang steht. Beste Wirkung erzielt man bei *Vollmond*.

Zwillinge und Mond im gleichen Haus: Diese Tage sind günstig für Magie, die tagsüber ausgeübt wird. Außerdem für magische Arbeiten, die schnellen Erfolg bringen sollen.

Kapitel 9

Der Mond: Aberglaube

Das Wort Aberglaube bedeutet sinngemäß nichts anderes als Gegen- oder Widerglaube. Wahrscheinlich stammt es aus dem 15. Jahrhundert. Ähnliche Wortbildungen im Mittelhochdeutschen wie »Abergunst« (Missgunst) oder »Aberwitz« (Unverstand) lassen die abwertende Grundbedeutung der Vorsilbe »aber« erkennen: Sie zeigte an, dass etwas verkehrt war. Mit Aberglauben verband man daher stets etwas Negatives. Im 19. Jahrhundert hat man deshalb oft auch den eher neutralen Begriff »Volksglaube« verwendet.

Aberglaube ist bei weitem nicht nur in unaufgeklärter Zeit zu finden. Selbst in unserer modernen und technisierten Welt gibt es viele vom Ursprung her abergläubische Handlungen – obwohl wir diesen Zusammenhang heute oft nicht mehr erkennen. Hier einige Alltagssitten, die jeder von uns kennt, die in ihrem Kern aber der reinste Aberglaube sind:

- Da gähnt jemand und hält sich artig die Hand vor den Mund. Haben Sie gewusst, dass dies keine Vorschrift von Herrn Knigge ist, sondern verhindern soll, dass böse Geister in Mückengestalt in den Körper fahren?
- Wenn etwas gelingen soll, klopft man dreimal auf Holz und murmelt dabei »Toi, toi, toi!« Der Ursprung dieses Brauchs? Auf hölzerne Gegenstände zu klopfen soll Dämonen das Fürchten lehren.
- Bei Feierlichkeiten stößt man mit den Gläsern an. Oder

man tröstet sich, wenn eine Tasse entzweigeht, damit, dass Scherben Glück bringen sollen. Der Grund für diese Sitten? Gläserklingen und das Klirren von Scherben treibt Dämonen in die Flucht – so glaubte man früher.

- Scharfe Gegenstände legt man besser nicht mit der Schneide nach oben hin. Des Messers Schneide galt nämlich als Reitwerkzeug des Teufels.
- Man flucht nicht, wenn ein Regenbogen über dem Land steht. Denn im Regenbogen schimmerte – und hier mischten sich Aber- und Christenglaube – der Saum des Kleides der Mutter Gottes, die lästerliche Redensarten nicht hören will.
- Sie haben am Freitag dem Dreizehnten immer ein ungutes Gefühl? Kein Wunder: Schon im alten Babylon galt die 13 als Unglückszahl. Vielleicht liegt es daran, dass man in den Mondkalender immer wieder einen dreizehnten Monat einfügen musste, um mit dem Sonnenjahr in Einklang zu kommen.

Mond und Aberglaube hängen eng zusammen, auch weil die Kräfte des Mondes zum Teil als böse galten: Verbanden sich doch Magier und Hexen mit den geheimnisvollen Energien des Erdtrabanten. Die Kraft des Mondes ist nach alter Tradition vor allem nachts wirksam, wenn dunkle Mächte ihr Unwesen treiben. Allerdings konnte man sich mit allerlei Mitteln schützen, auch vor angehextem Unheil: Schwalben- und Storchennester beispielsweise bewahrten vor Blitzschlag, Wünschelruten brachten Schätze ans Tageslicht oder zeigten auf, wer ein Dieb war. Auch die Kirche, die offiziell gegen Zauber- und Hexenkunst vorging, spielte mit. Papst Urban V. empfahl zum Beispiel den Kauf einer Tafel aus Wachs, die sicher gegen Blitz, Feuer und Wasser schützen sollte. Andere

geweihte Zaubermittel sollten Mensch und Tier vor Krankheiten bewahren. Heilige Messen konnten Wetterunbill fern halten oder dafür sorgen, dass sich die Seele eines Verstorbenen nicht allzu lange im Fegefeuer aufhalten musste, sondern schnell in den Himmel auffuhr.
Vor allem Pflanzen wurde oft magische Wirkung nachgesagt. Natürlich zeigen viele Kräuter eine heilende Wirkung bei so manchen Beschwerden. Aber sie hatten auch magische Wirkung, halfen beim Liebeszauber oder gegen böse Mächte.

Lexikon von A–Z

Abstillen bei abnehmendem Mond: Ein Kind, das während des abnehmenden Mondes von der Mutterbrust entwöhnt wird, verliert seine Gesundheit.

Alant: *Beschreikraut*, das als *Amulett* getragen Schutz vor Hexerei bieten sollte.

Alfalfa: schützt vor Hunger und Armut.

Alraune: schenkt Schutz und Wohlstand.

Amulett: vom lateinischen amuletum. Ein magisches Schutzmittel, das – im Gegensatz zum *Talisman* – böse Mächte abwehren soll.

Antlass-Ei: am Gründonnerstag geweihtes Ei, das der Bauer auf dem größten Weizenfeld vergrub. Darum wurden vier kleine Kreuze aus Holz gesteckt, das man in der Osternacht angekohlt hatte. Damit schützte man Haus und Stall, Mensch und Tier auf dem Bauernhof.

Apfel: sollte man stets im Mondschein ernten – sie verderben dann nicht.

Apfelorakel: Wer einen Apfel aufschneidet und die Kerne zählt, kann aus ihrer Anzahl auf eine künftige Ehe schließen. Ist es eine gerade Zahl, steht bald eine Heirat ins Haus, bei einer ungeraden Zahl dauert es dagegen noch lange, bis der oder die Liebste kommt.

Arnika: ein *Beschreikraut.*

Aronstab oder Himmelfahrtswurzel: schützt vor Blitz- und Hagelschlag und verleiht seinem Besitzer Gesundheit und Schönheit. Mädchen, die sich Aronstab in die Schuhe legen, finden bald einen Liebsten. Und junge Männer, die am Himmelfahrtstag im Wald einen Aronstab finden, können sicher sein: Sie werden bald ein Mädchen haben.

Aufrechter Ziest: *Beschreikraut*, das gegen den bösen Blick verwendet wird.

Ausräuchern: Man geht mit duftenden Kräutern, die man angezündet hat, durch Hof und Stall. Das soll böse Geister vertreiben.

Baden zu Ostern: Wer Ostern in einem fließenden Gewässer badet, soll lange schön und auch gesund bleiben.

Baden im August: Wer an den ersten drei Sonntagen im August in einer kalten Quelle badet, bleibt gesund.

Baldrian: *Beschreikraut*, das Teufel und Hexen ausräuchert.

Barbarazweige: Am 4. Dezember ist das Fest der heiligen Barbara. Wenn die an diesem Tag abgeschnittenen Obstzweige zu Weihnachten blühen, folgt ein segensreiches Jahr.

Basilikum: wird auf den Boden des Hauses gestreut und verhindert, dass sich böse Geister einnisten können.

Bauernhochzeit: Eine Hochzeit war auf dem Lande immer ein großes Ereignis – das ganze Dorf feierte mit. Kein Wunder, dass man aus allerlei Geschehnissen dieses Tages Rückschlüsse auf Glück oder Unglück des frisch verehelichten Paares zog.

Bauernpraktik: eine uralte Möglichkeit zur Wetterdeutung.

Die »Pauren Practic« stammt aus dem Jahr 1508 und stellt fest: »Aufs Wetter gib wohl acht / von Christtag bis Dreikönigsnacht. / Es zeigt dir was das Jahr dann macht.« Man glaubte daran, dass das Wetter zwischen *Heiligabend* und dem 6. Januar eine Voraussage für die Ernte des gesamten nächsten Jahres zulässt.

Beifuß: schützt vor wilden Tieren und vor Sonnenstich, wenn man es in der Tasche mit sich trägt.

Beschreikräuter: alle Kräuter, die den Zauber von bösen Geistern, Dämonen und Hexen unwirksam machen.

Bienenschwärme im Mai: sind ein gutes Vorzeichen für den Rest des Jahres.

Birke: der Baum, aus dem Hexen ihren Besen machen. Birkenzweige auf dem Dach schützen vor Blitzeinschlag. Der Rauch von Birkenholzfeuer soll reinigende Wirkung haben.

Blitz: wird durch Königskerzen abgewehrt, die man zu Mariä Himmelfahrt (15. August) weihen lässt.

Brautschleier zerrissen: Wenn das zufällig passiert, bringt es den Eheleuten Glück.

Brotbacktag: Wer an einem Montag, Donnerstag oder Samstag sein Brot bäckt, hat auf jeden Fall Segen im Haus.

Brotstückchen im Hochzeitsgewand: stellt sicher, dass Braut und Bräutigam in Haus und Wirtschaft gut vorwärts kommen.

Bruchkraut: wird drei Tage vor Neumond ausgegraben und sollte an drei Abenden hintereinander auf den Bruch gelegt werden. Hat der Bruch sich erwärmt, wird das Kraut abgekühlt. Es wird noch vor zunehmendem Mond wieder eingegraben.

Buchsbaum: wehrt Zauber ab und schützt vor Blitzeinschlag.

Christnacht: Ist das Wetter lauter und klar, ohne Wind und

Regen, so gibt es im kommenden Jahr genug Wein und Frucht.

Dezember: Der 1. Dezember war angeblich der Jahrestag der Zerstörung von Sodom und Gomorrha. Alles, was man an diesem Tag anfängt, muss man auch möglichst vor Einbruch der Nacht vollenden.

Dill: *Beschreikraut.* Dill wird oft über der Haustür aufgehängt und verhindert so, dass jemand das Haus betritt, der den Bewohnern Böses will.

Drittes Mondquartal: Nach alter Zigeunerweisheit hat ein Mensch, der im dritten Mondquartal geboren ist, zwar zahlreiche Probleme, kann diese jedoch durch viel Ausdauer lösen. Wer am ersten Tag dieses Quartals geboren wurde, dem ist Glück und Erfolg beschieden – allerdings nicht in der Heimat, sondern in einem anderen Land, vielleicht sogar auf einem anderen Kontinent. Der zweite Tag deutet auf Erfolg im Geschäftsleben hin, der dritte auf Erfolge, die auf Intuition und Eingebung beruhen. Am vierten Tag werden all jene geboren, die sich durch besondere Tapferkeit auszeichnen. Wessen Geburtstag auf den fünften Tag fällt, sollte in Geldangelegenheiten viel Vorsicht walten lassen. Und wer am sechsten oder siebten Tag geboren wurde, wird zeit seines Lebens viel Kraft brauchen.

Eheorakel: Am ersten Neumondtag stellt man sich mit dem Rücken zum Mond und spricht über die rechte Schulter diese Worte: »Neumond, Neumond im dunklen Schein / wer wird mein wahrer Liebster sein: / die Farbe seines Haars, die Kleider, die er trägt / und der Hochzeitstag, da er mich in den Armen wägt?« In der Nacht wird dann der künftige Bräutigam im Traum erscheinen.

Engelwurz: hält alles Böse fern, wenn man es in den vier Ecken des Hauses ausstreut. Ein Bad in einem Sud aus Engelwurz nimmt bösen Zauber, der einem angehext wurde.

Erbsen: legt man am hundertsten Tag des Jahres in die Erde, dann bringen sie hundertfach Frucht.

Erde oder Sand: wirft man hinter Kindern her, wenn diese das Haus verlassen – es schützt sie vor Gefahren.

Erstes Mondquartal: Nach alter Zigeunerweisheit lebt ein Mensch, der im ersten Mondquartal geboren ist, besonders lange. Wer außerdem am ersten Tag des ersten Viertels Geburtstag hat, ist ein echtes Glückskind; das gilt auch noch für jene, die am zweiten Tag auf die Welt kamen. Der dritte Tag beschert einflussreiche Freunde, der vierte Tag dagegen ein ständiges Auf und Ab. Geburtstagskinder vom fünften und sechsten Tag des ersten Mondquartals gelten als stolz und manchmal etwas überheblich. Und die am siebten Tag Geborenen sollten niemals über ihre Wünsche sprechen: Nur dann besteht die Chance, dass sie in Erfüllung gehen.

Farnkraut: wird vor die Haustür gepflanzt und schützt das Haus von außen.

Farnsamen: Legt man sie zum Geld, kann man sicher sein, dass es niemals ausgeht.

Feen belauschen: Wer bei Vollmond um Mitternacht neunmal einen Hexenring umkreist, kann den Gesprächen der Feen lauschen. Als Hexenringe bezeichnete man auffällige, kreisförmige Spuren im Gras.

Feiern bei Vollmond: Nach altem Glauben ist jeder am nächsten Morgen frisch und fühlt sich wie neugeboren, wenn er die Vollmondnacht durchgefeiert hat.

Feuer: ein Zweig vom »Palmkatzerl«, also der blühenden Weide, hilft gegen Feuer. Der Zweig sollte am Palmsonntag in der Kirche geweiht worden sein.

Fingernägel: Bei Mondlicht Nägel zu schneiden bringt Glück. Unglück bedeutet es, wenn man sie schneidet, während der Mond dunkel ist, weil Wolken vor ihm stehen.

Frauendreißiger: der Zeitraum zwischen Mariä Himmelfahrt (15. August) und Mariä Geburt (8. September). Dies ist die beste Zeit für Heilzauber und das Sammeln von Heilkräutern. Siehe *Kräuterbüschel*.

Frau im Mond: Wer im Mond eine Frau zu erkennen glaubt, ist vom Glück begünstigt. Siehe auch *Mann im Mond*.

Freitag: An diesem Tag darf auf keinen Fall Brot gebacken werden.

Geburt bei Mondfinsternis: Ein bei Mondfinsternis geborenes Kind wird das Pubertätsalter nicht erleben, denn es heißt: »Kein Mond, kein Mann!«

Geburt bei Vollmond: Solche Kinder werden groß und stark.

Geburt bei zunehmendem Mond: Solche Kinder wachsen schneller.

Geburt eines Kindes: ist leichter bei zunehmendem Mond.

Geburt kurz nach Neumond: Kommt ein Kind zur Welt, wenn der Mond einen Tag alt ist, so sind ihm ein langes Leben und Wohlstand gewiss.

Geburtstag bei Neumond: In den kommenden zwölf Monaten stehen wichtige Entscheidungen bevor. Es könnten sogar Veränderungen eintreten, die das ganze Leben betreffen, ganz besonders in Liebe und Partnerschaft.

Geburtstag bei Vollmond: In den kommenden zwölf Monaten stehen viele Ereignisse ins Haus. Veränderungen werden kommen, sie werden jedoch alle zum Guten sein.

Geißblatt: ein Kranz aus Geißblatt, der im März bei zunehmendem Mond geschnitten und gewunden wurde, heilt Schwindsucht. Man soll den Kranken dreimal durch diesen Kranz schieben.

Gerste: sät man am Gründonnerstag aus. Das schützt vor Brand. Man soll darauf achten, nach Sonnenuntergang zu säen und das Feld vor Sonnenaufgang zu eggen. Nimmt man bei dieser Arbeit ein paar Körner in den Mund, dann fallen die Vögel nicht über das Feld her.

Geschenk: Wer eine Schürze dreimal im Angesicht des Neumondes wendet, bekommt noch vor dem nächsten Neumond ein Geschenk.

Gewitter im August: Der Aberglaube sagt, in den oft heftigen Gewittern am Monatsanfang des August »tanzt der Teufel ausgelassen«. Deshalb sollte man Anfang August nicht heiraten.

Glücklicher Monat: Wer eine Schürze im Angesicht des Neumonds wendet, hat den ganzen Monat hindurch Glück.

Glückskinder: sind alle Kinder, die zu Ostern geboren werden. Tauft man sie zudem noch mit frisch geweihtem Osterwasser, sollen sie besonders klug werden.

Größtes Glück: ist immer dann möglich, wenn drei Faktoren zusammenfallen: zunehmender Mond, steigende Flut und Rückenwind.

Haare kämmen: Betrachtet man eine Frau, die sich im Licht des Vollmonds die Haare kämmt, bringt das Unglück.

Haare schneiden: Wer seine Haare schneidet, während der Mond nicht scheint, weil er durch Wolken verdunkelt ist, bekommt früher oder später eine Glatze. Nutzt man dagegen das Mondlicht aus, wächst das Haar schneller und besser. Wer dagegen seine Haare bei Neumond schneidet, kann sicher sein: Beim ersten Neumond des kommenden Jahres wird er doppelt so viele Haare haben.

Halloween: Wenn ein junges Mädchen zu Halloween vor einem Spiegel einen Apfel schält, erscheint ihr das Bild des zukünftigen Ehemannes. Siehe auch *Ehezauber* und *Apfelorakel*.

Handel: Bei einer *Mondfinsternis* darf man keinen Handel treiben, denn er wird immer von Unglück und Missgeschick begleitet sein.

Heiligabend an einem Dienstag (2002 und 2013): Im darauf folgenden Winter muss man mit viel Kälte und Schnee rechnen. Das Frühjahr zeigt sich mit Wind, der Sommer wird nass, der Herbst dagegen trocken. Wein und Korn gibt es genügend, jedoch nicht im Übermaß.

Heiligabend an einem Donnerstag (2009 und 2015): Der Winter wird gut und regenreich sein. Der Lenz wird windig, der Sommer wechselhaft und im Herbst herrschen Regen und Kälte vor. Wein wird es mäßig geben, Honig nur wenig; Korn und Früchte dagegen genügend.

Heiligabend an einem Freitag (2004 und 2010): Der Winter wird fest und stark. Auch das Frühjahr, der Sommer und der Herbst werden gut. Wein, Korn und Heu erntet man in solchen Jahren genügend und in guter Qualität.

Heiligabend an einem Mittwoch (2003 und 2008): Der Winter wird wechselhaft – teils sehr kalt, teils warm. Das Frühjahr bringt übles Wetter, der Sommer wird wechselhaft und der Herbst gut. Für Wein und Korn gilt: Die Ernte fällt reichlich aus.

Heiligabend an einem Montag (2001 und 2007): Es wird einen weder zu kalten noch zu warmen Winter geben. Der Frühling wird gut, der Sommer windig; im Herbst kann man mit viel Honig und Wein rechnen.

Heiligabend an einem Samstag (2005 und 2011): Es gibt einen Winter mit viel Kälte und Schnee, aber auch trübe Tage mit viel Wind. Der Lenz wird »bös und windig«.

Einem guten Sommer folgt ein trockener Herbst. Die Ernte fällt schlecht aus – es gibt nur wenig Korn und Früchte.

Heiligabend an einem Sonntag (2000 und 2006): Danach folgt ein warmer, guter Winter. Das Frühjahr wird sanft und nass, der Sommer heiß, trocken und schön, der Herbst feucht und windig. Wein und Korn erntet man in solchen Jahren genügend und gut. Auch Honig gibt es genug, und die Gartenfrüchte geraten hervorragend.

Heu: schützt Wöchnerinnen und gilt als Glücksbringer, der Wünsche erfüllt. Wenn man aus dem Heuwagen unbemerkt ein paar Halme entwendet und im Geldbeutel aufhebt, geht das Geld nicht aus. Daher stammt auch die Redensart »Geld wie Heu«.

Hochzeit: soll man stets bei Vollmond oder zumindest zunehmendem Mond feiern.

Hochzeit bei Vollmond: Die Ehe wird sicher niemals unglücklich werden. Am besten ist eine Eheschließung bei Vollmond im Juni.

Hochzeit bei zunehmendem Mond: bedeutet Glück und Wohlstand.

Hochzeitsbrot: davon muss etwas aufgehoben werden, auf dass es den Eheleuten an nichts mangle. Das Brot aus dem Hochzeitshaus bringt allen Glück, wenn es die junge Braut selbst aufgeschnitten hat.

Hochzeitskutsche mit Schimmel: bringt Glück in der Ehe.

Holunder: wehrt Angriffe aller Art ab und bewahrt vor Versuchungen: Wer Holunder bei sich trägt, begeht keinen Ehebruch.

Holunderblüten: haben dann Heilkraft, wenn sie am Johannistag gepflückt wurden.

Hühner füttern: siehe *Neujahrstag*.

Immergrün: muss um die Weihnachtszeit im Hause sein, sonst läuft man Gefahr, das kommende Jahr nicht zu überleben.

Johanniskraut: *Beschreikraut.* Es wird im Fenster aufgehängt und schützt dann vor Donner, Blitz und bösen Geistern.

Juni: der beste Monat für Hochzeiten.

Karfreitagswasser: Wer als junges Mädchen am Karfreitag vor Sonnenaufgang und gegen den Strom Wasser aus einem Bach schöpft, hat ein heilkräftiges Mittel zur Verfügung. Denn dieses Wasser hilft unter anderem gegen Hautkrankheiten und Sommersprossen.

Kartoffeln: niemals an einem Montag legen, sonst werden sie madig.

Kerzenzauber: Eine zu Ostern geweihte Kerze wurde nach dem Gottesdienst in Stücke geschlagen und den Gläubigen als Schutz gegen Unwetter, Blitz und Hagelschlag mitgegeben.

Keuchhusten: Kinder, die an Keuchhusten erkrankt sind, sollen aus Bechern vom Holz der Elfenbeinpalme trinken. Der Baum muss nachts zu einer bestimmten Zeit und in der richtigen Mondphase geschlagen worden sein.

Kleid: Wenn man den Neumond erkennen kann, ohne dass Büsche oder Bäume davor sind, soll man den ersten Menschen küssen, den man sieht: Dann bekommt man ein neues Kleid. Siehe auch *Nähen*.

Knoblauch: *Beschreikraut.* Man legt Wöchnerinnen Knoblauch zusammen mit Petersilie unters Leintuch, dann können Hexen keinen Schadenzauber anrichten.

Kohl: soll man an einem Freitag bei Neumond pflanzen, dann übersteht er den Frost.

Komet: Früher war man der festen Überzeugung, dass ein Komet nicht nur das Wetter, sondern auch das alltägliche Leben beeinflusst. Dabei kündigen Kometen jedoch eher Schlechtes an. Man sah sie früher als »Fackel Gottes« an, die ausgesandt wurde, um den Menschen all ihre Sünden und Verfehlungen bewusst zu machen.

Komet im Jupiterjahr: Dann droht den Königen, Fürsten und Herzögen – also allen Regierenden – Schlimmes.

Komet im Marsjahr: Es gibt Streit, Blutvergießen und Kriege.

Komet im Merkurjahr: Er zeigt großes Sterben an.

Komet im Mondjahr: Er zeigt das »Sterben des Volkes« an.

Komet im Saturnjahr: Es wird ein großes Sterben geben.

Komet im Sonnenjahr: Er bringt Krankheiten.

Komet im Venusjahr: Er bringt Dürre.

Kräuterbüschel: pflückte man am besten im großen *Frauendreißiger*, also in der Zeit zwischen 15. August und 8. September. Sie sollten möglichst immer aus dreimal drei Kräutern bestehen. Je nach Landschaft steckte man Arnika, Augentrost, Baldrian, Basilikum, Frauenmantel, Gartenblumen, Johanniskraut, Pfefferminze, Rosmarin, Salbei, Schafgarbe, Tausendgüldenkraut, Thymian und Wermut zusammen. Gemieden wurden jedoch stets Holunder und Kamille.

Lasstage: auch »gute Lasstage«; all jene Tage, die günstig für Aderlass und Schröpfen waren. Das sind Karfreitag, Blasiustag (3. Februar), Valentinstag (14. Februar), Philipp-Jakobi-Tag (1. Mai), Bartholomä-Tag (24. August), Martinstag (11. November) und Stephanstag (26. Dezember). Siehe auch *Verworfene Tage*.

Leichenwagen auf dem Weg zur Kirche: Trifft das Brautpaar auf dem Weg zur Kirche einen Leichenwagen, stirbt bald einer von beiden.

Linke Schulter: Schaut man über die linke Schulter nach dem Neumond, wird man künftig Pech haben.

Lorbeer: gilt als allgemeines Schutzkraut und bewahrt vor Krankheit, Blitzschlag und Poltergeistern.

Maitau: Waschen mit dem Tau, der am 1. Mai von den Pflanzen geholt wird, soll große Schönheit bringen. Auch lässt der Maitau Narben verschwinden und soll Hautkrankheiten heilen. Das Vieh gedeiht besser, wenn es Maitau zu trinken bekommt.

Mann im Mond: Wer im Mond einen Mann zu erkennen glaubt, kann sicher sein, dass Unglück kommt. Siehe auch *Frau im Mond*.

Mistel: eine uralte Zauberpflanze, die vor Blitz und Feuer bewahrt. Liegen Misteln in der Wiege eines Kindes, können böse Feen das Kind nicht rauben und durch einen »Wechselbalg« ersetzen.

Mittsommernacht: Kinder, die in der Mittsommernacht, also am 23. Juni gezeugt werden, neigen zum bösen Blick.

Mond im Krebs: symbolisiert Liebe, Familie und Gefühle.

Mond im Löwen: symbolisiert Sex und Leidenschaft.

Mond im Schützen: symbolisiert Reisen.

Mond im Skorpion: symbolisiert Verteidigung, Mut und Exorzismus.

Mond im Steinbock: symbolisiert Verbannungen und Bannung von bösem Zauber.

Mond im Stier: symbolisiert Frieden, Wachstum und Geld.

Mond im Wassermann: symbolisiert Mysterien und Geheimnisse.

Mond im Widder: symbolisiert Schutz und Mut.

Mond im Zwilling: symbolisiert Weissagungen und Wünsche.

Mond in den Fischen: symbolisiert Bewusstseinserweiterung, Träume und Magie.

Mond in der Jungfrau: symbolisiert Heilung.

Mond in der Waage: symbolisiert Partnerschaft und Heirat.

Mondfinsternis: Man darf an diesem Tag keinen Handel treiben. Siehe auch *Geburt bei Mondfinsternis*.

Mondlicht gegen Flecken: Ein beflecktes Tischtuch soll man in einer hellen Mondnacht ins Freie hängen. Es wird durch das Licht des Mondes wieder rein.

Mondlicht und Geld: Wer seine Taschen umwendet, sodass alles Geld herausfällt und außerdem die Strahlen des zunehmenden Mondes darauf scheinen, wird keinen Geldmangel leiden.

Nähen bei Mondlicht: Wer beim Schein des Mondes ein Kleid näht, der näht sein Sterbekleid.

Natternwurz: bei abnehmendem Mond gepflückt, hilft es gegen Tumoren.

Neujahrstag: Streut man den Hühnern das Futter heute in einen Reifen, dann legen sie die Eier nur im eigenen Hof.

Neumond: bringt oft Aufregungen bei Reisen oder Behördengängen mit sich.

Neumond und Neujahr: Wer beim ersten Neumond im neuen Jahr die Hand in die Tasche steckt, die Augen schließt und die kleinste Silbermünze, die er in der Tasche findet, mit der Oberseite nach unten dreht, wird das ganze Jahr hindurch Glück und Wohlstand haben.

Neumond und Reichtum: Es bringt Glück, den Neumond mit Gold- oder Silbermünzen in der Tasche zu betrachten. Pech hat jedoch der, der kein Geld bei sich trägt.

Neumondorakel: in der ersten Nacht nach Neumond soll man sich ans offene Fenster setzen und den Mond anschauen. Man kann sicher sein: In dieser Nacht träumt man, wer der künftige Ehepartner sein wird.

November: ein guter Heiratsmonat, denn der heilige Andreas (Andreasnacht am 30.) gilt im Volksglauben als Heiratsvermittler und wird auch um Kindersegen ersucht.

Obstbäume: (und besonders Nussbäume) werden fruchtbarer, wenn man sie in den Raunächten (also vom 24. Dezember bis zum 6. Januar) tüchtig prügelt.

Ostereier: werden unten und oben leicht eingedrückt, damit der Segen beim Weihen während der Ostermesse leichter eindringen kann. Siehe *Antlass-Ei*.

Ostern: Treffen zu Ostern die ersten *Schwalben* auf dem Land ein, wird es viel Glück geben.

Osterwasser: zu Ostern geweihtes Wasser. Trinkt man dieses Osterwasser, ist man gegen Krankheit gefeit.

Palmbusch: wird am Sonntag vor Ostern in der Kirche geweiht. Er soll möglichst aus jeweils drei Buchszweigen, blühenden Palmkätzchen, Stechpalmenzweigen, blühenden Haselruten, Zweigen von Immergrün, Wacholderzweigen und Eichenzweigen mit rotem Winterlaub bestehen. Buchs, Hasel und Eiche von seit alters her Abwehrpflanzen gegen alles Böse. Bei drohendem Gewitter verbrennt man Palmzweige am Herdfeuer.

Pech durch Neumond: kann man abwenden, wenn man eine Münze im Licht des zunehmenden Mondes aus der Tasche zieht und auf beide Seiten spuckt.

Perlen: werden auch »Tränen des Mondes« genannt. Eine Frau, die Perlen trägt, stellt eine Verbindung zur vom Mond symbolisierten Fruchtbarkeit her.

Pferde füttern: Am Christabend soll man die Pferde mit Häcksel aus dem Stroh von fremden Dächern füttern: Sie bleiben dann im neuen Jahr gesund.

Rainfarn: *Beschreikraut*.

Rasiermesser: werden im Mondlicht stumpf.

Raubüberfall: Kriminelle Energien unterstützt auch der Mond nicht oder zumindest nur selten. Eine alte Weisheit besagt: »Ein Raubüberfall am dritten Tag des Neumonds schlägt gewiss fehl.«

Raunächte: die Nächte von Weihnachten bis Dreikönig. Sie beginnen um den 22. Dezember und enden spätestens am 6. Januar. In dieser Zeit ist – so glaubt man – die »wilde Jagd« unterwegs. Mit Weihrauch bannt man die Dämonen. Um die Geister nicht zu verärgern, wird auf dem Bauernhof jetzt nicht gearbeitet: Man darf kein Brot backen, es wird nicht gesponnen und gewaschen. In den zwölf Raunächten wird außerdem das Wetter für das folgende Jahr prophezeit. Jeder dieser Tage zeigt das Wetter für jeden einzelnen Monat des nächsten Jahres an.

Rechte Schulter: Wer den Neumond über die rechte Schulter anblickt, wird Glück haben – im Gegensatz zum Blick über die *linke Schulter*.

Regen am Hochzeitstag: ein Zeichen für Glück.

Ringelblume: siehe *Vollmondorakel*.

Salz und Brot: bringt man in ein neu zu beziehendes Haus und kann so sicher sein, dass darin an beidem niemals Mangel herrscht. Auch jedem Gast wird Salz und Brot angeboten. Denn wer mit seinem Gast gemeinsam Brot isst, wird niemals mit ihm in Streit geraten.

Salzorakel: Am Weihnachtsvorabend häuft man etwas Salz auf einen Teller und lässt diesen dann über Nacht stehen. Das Salz soll Prophezeiungen für die Zukunft abgeben: Bewegt sich kaum ein Körnchen vom Salzhügel, so wird das kommende Jahr günstig. Im anderen Fall soll Krankheit drohen.

Satt essen: Wer sich zu Weihnachten nicht satt isst, soll nach alter Überlieferung das ganze kommende Jahr nicht satt werden.

Schlaf im Mondlicht: Wenn eine Frau im Mondlicht schläft, wird sie dadurch schwanger.

Schneiden von Messern und Scheren: werden im Mondlicht stumpf.

Schutzzauber: soll vor jeglicher Unbill schützen.

Schwalben: Bei ihrem ersten Anblick im Jahr muss man sein Geld im Beutel schütteln, man kann dann auf finanziellen Gewinn hoffen. Schwalben auf dem Hausdach sollen glückliche Zeiten bringen. Umkreisen Schwalben ein Haus, wird eine Hochzeit erwartet.

Schwindsucht: siehe *Geißblatt*.

September: In manchen Gegenden gilt der 1. September als Unglückstag, da an diesem Tag der Untergang von Sodom und Gomorrha stattgefunden haben soll. Siehe auch *Dezember*.

Silber bei Neumond: Reibt man bei Neumond Silbermünzen in der Hosentasche aneinander, dann vermehren sie sich.

Sonnwendfeuer (um den 23. Juni): soll Hexen und böse Geister vertreiben. Das Überspringen des Feuers reinigt von Sünden und schützt im kommenden Jahr vor Krankheiten. Vor allem junge Leute nutzen den gemeinsamen Sprung über das Feuer. Wenn sie die Hände dabei nicht loslassen, sind sie einander zur Ehe bestimmt.

Spiegelung des Mondes im Wasser: Betrachtet man den Mond, der sich in einem Brunnen oder einer Quelle spiegelt, bedeutet dies Glück.

Stalltüren: siehe *Walpurgisnacht*.

Stephanstag (am 26. Dezember)**:** An diesem Tag geweihtes Wasser schützt Haus und Hof vor Unsegen. Geweihtes »Stephanssalz« wird als Rad geformt im Stall aufgehängt und bewahrt das Vieh vor Krankheiten.

Sterbekleid: siehe *Nähen*.

Sternschnuppe in Hausrichtung: deutet auf einen nahen Todesfall hin.

Sternzeichen: Je nachdem, in welchem Sternzeichen der Mond steht, symbolisiert er bestimmte Ereignisse oder Eigenschaften. Siehe unter *Mond* in den einzelnen Sternzeichen.

Talisman: geweihter Gegenstand, der im Gegensatz zum *Amulett* Glück bringen soll. Das Wort stammt vom griechischen »télesma«.

Tanzen im Mondlicht: ruft die Geister herbei.

Taube: siehe *Eheorakel*.

Thomastag (21. Dezember): Der kürzeste Tag und damit die längste Nacht des Jahres gilt als mit Unglück beladen: An diesem Tag wurde der Überlieferung nach Luzifer aus dem Himmel verstoßen. Er ist demzufolge bestens dazu geeignet, sich mit dem Teufel zu verbünden. Die Thomasnacht ist außerdem der ursprüngliche Termin zum Bleigießen.

Tod: Menschen können nicht sterben, solange der zunehmende Mond aufgeht.

Umzug bei abnehmendem Mond: bringt das Unglück ins neue Heim.

Unkraut: Sträucher und Kräuter, die man drei Tage nach dem 21. Juni ausreißt, wachsen nicht mehr nach. Das gilt auch für Heidekraut und Unkraut.

Verworfene Tage: auch verworfene *Lasstage*; in heidnischer Zeit und auch noch bei den alten Römern bestimmte Tage im Monat, an denen man nichts Neues beginnen sollte. Verworfene Tage gibt es – außer im Dezember – in jedem Monat des Jahres.

Schwendtage oder Verworfene Tage

Monat	**Schwendtage**
Januar	02., 03., 04. und 18.
Februar	03., 06., 08. und 16.
März	13., 14., 15. und 29.
April	19.
Mai	03., 10., 22. und 25.
Juni	17. und 30.
Juli	19., 22. und 28.
August	01., 17., 21., 22. und 29.
September	21., 22., 23., 24., 25., 26., 27. und 28.
Oktober	03., 06. und 11.
November	12.
Dezember	keine Schwendtage

Vierblättriger Klee: schützt vor Hexen und bringt Glück.

Viertes Mondquartal: Nach alter Zigeunerweisheit gelten Menschen, die jetzt geboren werden, als besonders liebenswürdig und aufrichtig. Wer am ersten oder zweiten Tag das Licht der Welt erblickt, soll sehr häuslich sein. Ein Geburtstag am dritten Tag zeigt Zuverlässigkeit in allen Lebenslagen an. Wer am vierten Tag geboren wird, ist extrem empfindlich und nimmt sich vieles allzu leicht zu Herzen. Der fünfte Tag beschert ein ideales Elternhaus mit allen möglichen Chancen. Der sechste und siebte Tag verschafft dem Geburtstagskind Geld und Ansehen, weil es immer loyal handeln wird.

Vollmond: bringt oft Aufregung bei Reisen oder Behördengängen mit sich.

Vollmond und Neumond für die Zukunft: Der Geburtstag an einem dieser Tage bestimmt die Zukunft für das neue Jahr. Siehe unter *Geburtstag bei Neumond* und *Geburtstag bei Vollmond*.

Vollmond zweimal im Monat: zeigt eine kommende Mäuseplage an.

Vollmondorakel: Bei Vollmond geht man nachts auf eine Wiese und zündet auf einem silbernen Teller einige Lorbeerblätter an. Wenn sie brennen, wirft man eine Ringelblume ins Feuer – der künftige Liebste wird einem daraufhin im Traum erscheinen.

Wacholder: wird seit Jahrtausenden an der Haustür aufgehängt, denn er bewahrt vor Diebstahl, bösen Geistern und bösen Menschen. Wer ein Wacholderzweiglein mit sich trägt, bleibt von Unfällen und bösen Tieren verschont.

Wachstum: Babys, die während des zunehmenden Mondes geboren werden, wachsen schneller.

Walpurgisnacht: In dieser Nacht muss man die Stalltüren mit drei Kreuzen versehen: Dann bleiben die Hexen draußen.

Warzen: Beim Besprechen von Warzen spielt der Mond eine entscheidende Rolle. Es gibt zahlreiche Rituale, die dazu führen sollen, dass Warzen verschwinden: Man soll in den Vollmond schauen und die Warzen dann mit den Händen dreimal andeutungsweise zurückwerfen. Oder vom Tag des Vollmonds bis zum Neumond die Warzen täglich mit frischem Schöllkrautsaft einreiben. Oder die Warzen bei Neumond mit Erde bestreichen und dabei sagen: »Glück und Segen, neuer Mond!« Dann die Erde zum Mond hin werfen. Oder: Bei zunehmendem Mond ins Freie gehen, den Mond ansehen und laut diesen Spruch aufsagen: »Was ich abstreif',/das verliert sich;/was ich anseh',/das vermier' sich!« Dabei über die Warzen in Richtung Mond streichen. Oder: Warten, bis der Mond dreimal sieben Tage alt ist. Dann sollte man sich mit dem Gesicht nach oben auf einen Weg legen und den Mond anschauen. Die Warzen mit irgendetwas einreiben, das gerade in der Nähe ist. Oder: Die Hände im Licht des Vollmonds reiben. Oder: Die Hände unter Mondstrahlen in einem silbernen Gefäß waschen. Oder: Die Warzen bei abnehmendem Mond mehrmals täglich mit der Innenseite einer Bananenschale einreiben.

Waschen bei Vollmond: Kleidung, die man zum ersten Mal bei Vollmond wäscht, wird nicht lange halten.

Wein trinken am Martinstag (11. November): hat besondere Wirkung. Die Männer bekommen Kraft, die Frauen Schönheit. Den Kindern mischt man den Martinswein in das Badewasser: Sie sollen sich dann besonders gut entwickeln.

Wermut: *Beschreikraut.*

Werwolf: Schläft ein Mann bei Vollmond im Freien, wird ihn entweder ein Werwolf angreifen oder er selbst wird sich in einen Werwolf verwandeln.

Wilde Jagd: aus der deutschen Volkssage stammende Gestalten. Der germanische Göttervater und seine Gattin Frigga führen ein Heer wilder Reiter an, das in den *Raunächten* durchs Land braust. Nach altem Volksglauben steht die Sonne in der Zeit der Wintersonnenwende zwölf Tage still. Die Nächte gelten deshalb als Los- und Orakelnächte, über denen ein geheimnisvoller Zauber liegt und in denen zugleich ein heftiger Kampf zwischen den todbringenden Mächten der Finsternis und den belebenden Kräften des Lichtes tobt.

Wind: Nach der *Bauernpraktik* zeigt der Wind um die heilige Nacht die Lebensumstände im kommenden Jahr an: »Der Wind zeigt an, / wie's um das Jahr getan.«

Wind in der achten Nacht nach Heiligabend: Weht in dieser Nacht Wind, »sterben alte und junge Leut' viel«.

Wind in der Christnacht: »sterben die Fürsten im Land«.

Wind in der vierten Nacht nach Heiligabend: »wird Hunger sein«.

Wind in der zwölften Nacht nach Heiligabend: »gibt's viel Kriege und Streit«.

Wochentag: In der *Bauernpraktik* und im allgemeinen Brauchtum war fest verankert, dass der Wochentag, auf den Heiligabend (24. Dezember) fiel, eine besondere Bedeutung für das kommende Jahr hatte. Siehe *Heiligabend*.

Zigeunerweisheit: Die uralten Überlieferungen der Zigeuner haben zum Mond und seinem Zyklus ganz eigene Deutungen. Das fahrende Volk prophezeit die Zukunft und das Schicksal eines Menschen aus dem Stand des Mondes an seinem Geburtstag – wichtig ist, ob er im *ersten*, *zweiten*, *dritten oder vierten Mondquartal* stattfand.

Zweites Mondquartal: Wer im zweiten Mondquartal geboren wurde, soll es nach alter Zigeunerweisheit im Leben ganz allgemein besser haben als seine Ahnen. Der erste Tag in diesem Quartal als Geburtstag deutet auf Wohlstand hin, der zweite auf ein leichtes, problemloses Leben. Wer am dritten Tag geboren wurde, soll viel Geld durch Reisen gewinnen. Der vierte und fünfte Tag beschert Charme und Persönlichkeit. Der sechste Tag besagt, dass das Glück leicht zu erreichen ist. Und der siebte Tag zeigt an, dass dieser Mensch stets viele Freunde um sich haben wird.